U0192345

电工电子技术实验

沈利芳 李伟民 ◎主编

DIANGONG DIANZI
JISHU SHIYAN

华东理工大学出版社
EAST CHINA UNIVERSITY OF SCIENCE AND TECHNOLOGY PRESS

·上海·

图书在版编目(CIP)数据

电工电子技术实验 / 沈利芳,李伟民主编.—上海:
华东理工大学出版社,2020.7(2024.7 重印)
ISBN 978 - 7 - 5628 - 6229 - 1

Ⅰ.①电…　Ⅱ.①沈…　②李…　Ⅲ.①电工技术-实
验-高等学校-教材②电子技术-实验-高等学校-教材
Ⅳ.①TM - 33②TN - 33

中国版本图书馆 CIP 数据核字(2020)第 098273 号

内 容 简 介

本书是参照教育部高等学校电工电子基础课程教学指导委员会《高等学校电工学课程教学基本要求》,并结合电工电子技术实验课程教学改革的发展要求编写的,内容主要包括:实验须知与仪器使用,电工技术实验,电子技术实验,电子技术综合实验,EWB 5.X 和 Multisim 10.0实践入门,共 5 章。

本书的编写注重将电工电子技术的基础理论与实际应用相结合,实用性强,内容全面,可作为高等院校非电类工程专业的电工学、电工电子技术课程实验教材,也可作为高职、高专相关专业的实验指导书。

策划编辑 / 花　巍
责任编辑 / 胡慧勤　赵子艳
装帧设计 / 蔡　胤
出版发行 / 华东理工大学出版社有限公司
　　　　　　地址:上海市梅陇路 130 号,200237
　　　　　　电话:021 - 64250306
　　　　　　网址:www.ecustpress.cn
　　　　　　邮箱:zongbianban@ecustpress.cn
印　　刷 / 上海新华印刷有限公司
开　　本 / 787 mm×1092 mm　1/16
印　　张 / 11.5
字　　数 / 294 千字
版　　次 / 2020 年 7 月第 1 版
印　　次 / 2024 年 7 月第 2 次
定　　价 / 35.00 元

前　言

电工电子技术实验是高等院校工程类专业一项非常重要的实践性教学环节。电工电子技术实验在电工电子基础理论的指导下,与实际应用相联系,内容涵盖电路分析、模拟电子技术、数字电子技术、电机与控制电路等多门学科。电工电子技术实验的对象具体形象,实验过程操作性强,对于激发学生对电工电子学科的兴趣,巩固所学理论知识,训练逻辑思维习惯,提高实际动手能力,培养创新意识和协作精神,具有重要的、积极的作用。

本书共 5 章,第 1 章中,实验须知部分详细说明了电工电子技术实验的基本流程、考核要求以及实验操作注意事项;实验装置和仪器仪表部分给出了常用实验装置、仪器的简介和操作方法,并设置仪器使用练习实验以巩固学生仪器操作能力。第 2 章电工技术实验包括 10 个实验。第 3 章电子技术实验包括 14 个实验。第 4 章给出了 6 个电子技术综合实验。第 5 章对 EWB 5.X 和 Multisim 10.0 的操作方法进行介绍,并给出多个仿真电路设计实例。

本书由沈利芳、李伟民主编,华一村、李楠、燕帅、张永芳、邓开连、刘晓洁、陈根龙参与编写。其中,沈利芳、李伟民负责提供本书的主要基础材料并统稿,华一村参与统稿并主要编写第 1 章,李楠负责编写第 2 章,燕帅负责编写第 3 章,张永芳主要编写第 4 章,邓开连负责编写第 5 章,刘晓洁参与编写第 1 章,陈根龙参与编写第 4 章。本书在编写过程中还得到了东华大学信息科学与技术学院信息与控制实验中心、电气电子工程系等各位同仁的热心帮助,在此一并致谢!

由于编者学识水平有限,本书难免存在疏漏和不足,敬请读者批评指正。

编　者
2019 年 12 月

目 录

  4.3.5 预习内容 ··· 114

  4.3.6 实验报告要求 ··· 114

 4.4 综合实验四 数字式电容表 ································· 116

  4.4.1 实验目的 ··· 116

  4.4.2 实验原理 ··· 116

  4.4.3 实验内容及步骤 ····································· 117

  4.4.4 实验设备与器材 ····································· 118

  4.4.5 预习内容 ··· 118

  4.4.6 实验报告要求 ··· 118

 4.5 综合实验五 数字频率计 ··································· 118

  4.5.1 实验目的 ··· 118

  4.5.2 实验原理 ··· 118

  4.5.3 实验内容及步骤 ····································· 121

  4.5.4 实验设备与器材 ····································· 122

  4.5.5 预习内容 ··· 122

  4.5.6 实验报告要求 ··· 122

 4.6 综合实验六 方波-三角波发生电路的设计 ··············· 122

  4.6.1 实验目的 ··· 122

  4.6.2 实验原理 ··· 122

  4.6.3 实验内容及步骤 ····································· 126

  4.6.4 实验设备、器件与预设参数 ························· 128

  4.6.5 实验结果与结论要求 ································· 128

第 5 章 **EWB 5.X 与 Multisim 10.0 实践入门** ··················· 129

 5.1 EWB 5.X 软件介绍和 Multisim 10.0 软件介绍 ············· 129

  5.1.1 EWB 5.X 概述 ······································ 129

  5.1.2 Multisim 10.0 概述 ································· 130

 5.2 EWB 5.12 软件的操作方法 ······························· 130

  5.2.1 EWB 5.12 的安装和启动 ··························· 130

  5.2.2 EWB 5.12 的工作界面及常用操作 ················· 130

  5.2.3 EWB 5.12 的仪器介绍 ····························· 136

 5.3 Multisim 10.0 软件的操作方法 ··························· 140

  5.3.1 Multisim 10.0 的工作界面及常用操作 ············· 140

  5.3.2 Multisim 10.0 的仪器介绍 ························· 145

 5.4 基于 EWB 5.12 与 Multisim 10.0 的仿真电路设计实例 ····· 150

  5.4.1 电路设计与仿真实验基本设计方法 ················· 150

  5.4.2 EWB 5.12 仿真电路设计与实验仿真 ··············· 150

  5.4.3 Multisim 10.0 仿真电路设计与实验仿真 ··········· 158

参考文献 ··· 172

第1章 实验须知与仪器使用

1.1 实 验 须 知

电工电子技术实验的教学过程是培养学生运用电学基础理论分析解决实际问题的过程,需要学生掌握与实验有关的基础理论,熟悉常用的仪器设备和电工电子元器件,自己动手连接电路、操作仪器、观察实验现象、测量实验数据,并对实验结果进行分析总结。

常规电工电子技术实验的流程如下:

预习→写预习报告→听教师讲解实验要点→熟悉实验仪器和器材→参考实验指导书上的电路图接线→检查线路→通电操作→记录实验现象→测取和记录实验数据→检查数据→实验数据分析处理→回答思考题→完成实验报告。

1.1.1 预习

实验课前充分的预习准备是实验顺利、高效进行的前提。指导教师在实验前应该对学生的预习情况进行检查,不了解实验内容或无预习报告者不能参加实验。

预习的主要要求如下:

1. 认真阅读实验指导书,了解本次实验目的和实验内容。

2. 复习与实验有关的基础理论知识,计算实验的理论数据。

3. 预习并了解实验仪器的使用方法。

4. 熟悉实验电路的主要元件特性和电路图。

5. 了解实验的方法、操作步骤与注意事项。

6. 运用电路仿真软件进行电路仿真虚拟实验预习。

7. 拟好实验数据记录表格。

8. 认真写好实验预习报告(要求使用学校统一的实验报告纸)。

9. 对于综合性、设计性实验,还需要进行电路方案设计,选定电路元件和参数,画出设计图,用仿真软件 Multisim 进行电路仿真和优化设计。

预习报告内容包括:

1. 实验名称。

2. 实验目的及任务。

3. 实验电路图,实验用仪器设备和器材。

4. 实验原理(简述),实验内容及步骤。

5. 记录数据的表格,可计算的理论数据。

6. 请在报告第一页右上角写好桌号。

预习报告应在课前完成,上课时带到实验室让实验指导教师检查。

1.1.2 实验报告

每个参加实验的学生都必须独立完成实验报告。实验报告是在预习报告的基础上完成的,内容应包括:

1. 实验名称。

2. 实验目的及任务。

3. 实验电路图,实验用仪器设备和器材。

4. 实验原理(简述),实验内容及步骤。

5. 记录数据的表格,可计算的理论数据。

6. 实验数据、实验波形或实验现象记录。

7. 数据处理(包括计算实验数据与理论数据的误差,实验数据的绘图等)。

8. 数据分析(包括误差原因分析,数据曲线对比分析,实验现象分析等)。

9. 实验思考(思考题、自己的思考、领悟、想法、体会与建议等)。

10. 请在报告第一页右上角写好桌号。

其中,第 1~5 条、第 10 条为预习报告内容,第 6~9 条为在预习报告基础上增加的内容。实验报告在课后完成,下一节实验课上课时上交,最后一节课的实验报告当节课上交。

1.1.3 实验操作注意事项

1. 遵守用电规则,保护人身安全。

2. 规范仪器操作(稳压电源和任意波形发生器输出端不可短路),保护仪器安全。

3. 实验操作前应检查本次实验所用的仪器仪表与元器件是否完好、齐全,芯片型号是否正确。接线时一定要先断开电源,不能带电接线。

4. 接线完毕后要养成自查的习惯。

5. 注意仪器的安全使用和人身安全,有异常情况首先切断电源,报告教师,再查故障点。

6. 认真、仔细观察实验现象,真实记录实验数据。

7. 实验完成后,测得的数据经自审无误,保留电路,经指导教师检查验收完毕后,方可拆掉电路连线。

8. 严格遵守"先断电后拆线"的规则,离开实验室前要整理好实验台。

9. 注意实验室卫生,实验完成后整理干净实验桌,器件导线归位,仪器断电,将垃圾丢进垃圾箱。

10. 实验内容参照橱窗或信息与控制实验中心网站。

11. 请以名单上座位号入座,否则会影响日常评分。

12. 操作要求课内完成,如果没完成,则要求学生在本周内实验室开放时间进行练习(计态度但不得分),从而使以后的实验做得更好。

1.1.4 实验数据处理

实验数据处理的基本方法:

1. 列表法

在记录和处理数据时,将数据排列成表格形式来表示出物理量之间的对应关系。列表处理数据时应该遵循下列原则:

1) 各栏目均应标明名称及单位,若名称用自定的符号,则需加以说明。

2) 列入表中的数据应主要是原始测量数据,而处理过程中的一些重要中间计算结果也应列入表中。

3) 栏目的顺序应充分注意数据间的联系和计算的顺序,力求简明、齐全,有条理。

4) 一般应按自变量由小到大或由大到小的顺序排列。

2. 图示法

物理规律既可以用函数关系表示,也可以借助曲线表示。制作一幅完整又正确的曲线图,其基本步骤包括：坐标纸的选择；坐标的分度和标记；标出每个实验数据点；作出一条与绝大多数实验数据点基本相拟合的曲线；注解和说明等。

实验（波形）曲线应绘在坐标纸（毫米方格纸）上，选取合适的比例尺和单位，坐标纸不得宽于实验报告纸。若 2 根曲线画在同一坐标系中，应使用不同的颜色以示区别。

1）坐标纸的选择。坐标纸通常有线性直角坐标纸（毫米方格纸）、单对数坐标纸、双对数坐标纸等，应根据实验具体情况选择合适的坐标纸，或手动画出坐标格。

2）坐标的分度和标记。绘制曲线时应以自变量作为横坐标，因变量作为纵坐标，并标明各坐标轴所代表的物理量（可用相应的符号表示）及单位。坐标分度要根据实验数据的有效数字和对结果的要求来确定，在坐标轴上每隔一定间距应均匀地标出分度值，标记所用有效数字位数应与原始数据的有效数字位数相同，单位应与坐标轴的单位一致；坐标分度值不一定从零开始，可以用小于原始数据的某一整数作为坐标分度值的起点，用大于测量所得最高值的某一整数作为坐标分度值的终点，这样图线就能充满所选用的整个图纸。

3）标出每个实验数据点。根据测量数据，用△或●等记号标出各数据点在坐标纸上的位置，记号的交叉点或圆心应是测量点的坐标位置。

4）作出一条与绝大多数实验数据点基本相拟合的曲线。连线时可以使用工具（最好用透明的直尺、三角板和曲线板等工具），所绘曲线或直线应光滑匀称，而且要使所绘直线通过绝大多数实验数据点，但不能连成折线。对于严重偏离曲线或直线的个别点连线时可以舍弃，其他不在图线上的点应均匀分布在图线两侧。

5）注解和说明。在图纸的明显位置写清楚图的名称和必要的简短说明或计算公式、计算结果等。

1.2　实验装置和仪器仪表

本节介绍电工电子技术实验常用实验装置和仪器仪表，打 ＊ 的条目为提高功能，不用于一般实验，但可用于参考、排除故障和提高学习。

1.2.1　九孔板

九孔板是进行电工电子技术实验时，用于放置九孔板配套实验元器件的装置，如图 1-1 所示。

九孔板上有黑色线连接的孔都可看作电路中同一个点。九孔板的下方有两排插孔，每一排插孔在内部用导线连接，面板上用实线表示，所以每一排插孔其实是一个点，两排插孔之间是不连接的，这两排插孔在电路实验中常分别用于连接电源的两个输入端，如：+12 V 直流电压源的"＋"极性端和"－"极性端。两排插孔的上方是 4 排共 24 个由 9 个插孔组成的连接成"田"字形状的结点，为方便实验中电路的连接，这 9 个插孔在内部也是连接成一点的，相当于电路中的一个结点。九孔板上方是一排由 6 个插孔组成的结点，共计 6 个。用九孔板连接好电路后要仔细检查，确保应该连接的点一定连接上，不该连接的点之间不可短路。

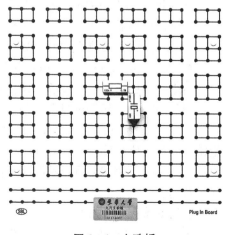

图 1-1　九孔板

1.2.2 数字万用表

MS8040 型数字万用表是一款操作方便、读数准确、功能齐全、体积小巧、携带方便、液晶屏显示的台式四位半数字万用表,可用来测量直流电压/电流、交流电压/电流、频率、峰值、电阻、电容、二极管正向导通压降、电路通断及温度等,还具有低通滤波功能和 RS232 接口通信功能。此款数字万用表提供三种供电方式:220 V/110 V 交流电源、9 V 碳酸电池和 1.5 V×6 节 AA 干电池。所有功能和量程都具备过载保护。

1. 面板介绍

MS8040 型数字万用表面板如图 1-2 所示。

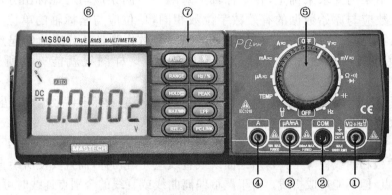

图 1-2　MS8040 型数字万用表面板

① **VΩ ⊣⊦ Hz** 端子:除电流测量外的所有其他测量功能的输入端,使用红色测试线进行连接。

② **COM** 端子:所有测量功能的公共输入端(接地),使用黑色测试线进行连接。

③ **μA/mA** 端子:小电流测量输入端。交、直流电流(200 mA 以下)测量功能的正输入端,使用红色测试线进行连接。其保护电流为 0.3 A。

④ **A** 端子:大电流测量输入端。交、直流电流(10 A 以下)测量功能的正输入端,使用红色测试线进行连接。其保护电流为 15 A。

⑤ 功能/量程选择旋钮:切换测量信号,不同的输入信号需要切换到相应的挡位。请注意,在使用时要先切换挡位,然后再输入信号。

常用挡位如下:

V≂:电压挡,可测 1 000 V 以下交流和直流电压值。

mV≂:毫伏挡,可测 200 mV 以下交流和直流电压值,精度比电压挡高。

Ω⫶⊣⊦:电阻/通断/PN 结挡,用于测量电阻值,测试通断,判断 PN 结。

⊣⊦:电容挡,用于测量电容值。

⑥ LCD 显示屏:液晶显示屏主要包含模拟条显示和数字显示,用于显示测量操作功能、测量结果以及单位符号。

⑦ 功能选择按键:用于操作测量功能的选择。所有的按键操作均为触发式的按键操作,除非有特别说明。

各按键操作功能如下:

FUNC.(蓝色按键):FUNC 功能切换键。用于在不同的输入信号间切换,如在电压挡

V≈ 测试时,按此键可以进行交流和直流电压测量功能的相互切换。具体切换功能描述如表1-1所示。

表 1-1　FUNC 键切换功能描述

旋 转 开 关	功　能　切　换
V≈	DCV／ACV
mV≈	DCmV／ACmV
Ω·))) ⊣⊢	Ω／·))）／⊣⊢（三者之间循环切换）
＊ **ʮ**	DCA／ACA
＊ **TEMP**	℃／℉
＊ **μA≈**	DCμA／ACμA
＊ **mA≈**	DCmA／ACmA
＊ **A≈**	DCA／ACA

■■■（黄色按键）:背光源键(唤醒键)。按此键打开或关闭背光源。在直流电源供电工作时,背光源点亮约 8 s 后自动熄灭。当仪表自动关闭待机后,按此键仪表则重新进入工作状态。

RANGE:量程切换键。仪表电源开关打开时,仪表默认为自动量程状态(显示屏显示"AUTO"标志符号),这时仪表会根据被测的电参数自动选择合适的量程。若自动量程下显示"OL",表示被测值超过了仪表的最大量程。仪表在自动量程(显示"AUTO")时,按此键进入手动量程(显示屏显示"MANU"标志符号),再按 RANGE 键少于 1 s 时,可在各量程之间切换。在手动量程下若显示"OL",则表示测量值超过所选量程。仪表在手动量程时,按下 RANGE 键超过 1 s 时,仪表切换到自动量程。

＊ **Hz/%**:频率/占空比测量键。测量交流电压时,按此键,仪表在电压值、频率和占空比之间循环切换;在测量频率时,按此键,仪表在频率和占空比之间循环切换。

＊ **HOLD H**:数据保持键。按此键仪表进入或退出数据保持功能状态。当进入数据保持状态,显示屏显示的数据不再更新(显示屏显示"**H**"标志符号)。当所测数据超量程时,显示屏显示超载符号"OL"。

＊ **PEAK**:峰值测量键。仪表利用内部的电容自动保持输入信号的最大峰值和最小峰值。按此键,仪表在最大峰值与最小峰值之间切换,按下此键长达 1 s,仪表退出峰值显示状态。(注:在峰值测量过程中,如果没有进行校准,仪表会自动进入校准状态,此时显示屏显示"CAL"字样)。

＊ **MAX/MIN**:最大值/最小值记录保持键。仪表在正常测量状态时,连续按此键,仪表显示在最大值(显示屏显示"MAX")、最小值(显示屏显示"MIN"),以及当前测量值之间(显示屏上"MAX"与"MIN"同时闪烁显示)循环切换;按下此键长达 1 s,仪表则返回正常测量状态。

＊ **LPF**:低通滤波功能键。测量交流电压时,为了消除高频噪声,获得更加准确而稳定的读数,可使用低通滤波功能。用此款万用表测量交流电压时,按下此键,可激活低通滤波功能。仪表将对高频输入信号进行衰减(如对 1 kHz 的输入信号大约衰减−3 dB)。此时显示屏上的

"AC"标志符号闪烁显示。再次按下此键,仪表退出低通滤波状态。

* ███ REL△：相对测量功能键。按下此键,仪表激活相对测量显示功能状态。仪表先记录下按键瞬间的测量值(以下简称:初值),在相对测量状态下,显示屏的显示值=当前测量值-初值,此时显示屏显示"REL"标志符号。再按此键退出相对测量功能。相对测量功能可以用来观测测量值的变化,也可用于小电阻的测量(消除引线电阻)。注:相对测量只对应数字显示,而模拟条显示对应当前测量值。

* ███ PC-LINK：数据传输键。按下此键,仪表进入通信功能状态,开始向 PC 机传送测量数据和状态,显示屏显示"RS232"标志符号。只要将仪表配备的 RS232 电缆线的一端插入仪表后侧插座,另一端插到计算机的 RS232 接口,并且运行仪表配备的记录作图软件,即可在计算机上记录、分析、绘制和打印所有的测量数据。再按下此键,仪表停止向计算机传送数据,显示屏上的"RS232"标志符号不再显示。

2. 常用功能使用方法

1) 直流/交流电压的测量 **V≈**

(1) 将红色和黑色测试线插头分别插入①"VΩ ⊣← Hz ⅄"端和②"COM"端。打开万用表背面的电源开关,将功能/量程选择旋钮⑤旋转到 **V≈** 位置,此时仪表显示"DC"字样,根据被测电压的性质,如果测量交流信号,按 FUNC 键切换到交流测量状态,此时显示屏显示"AC"字样。

(2) 电压的测量初始量程默认为自动量程,也可通过按量程切换键 RANGE(进入手动量程)得到想要的量程;当不知道被测电压的大小时,应从最高的量程开始测量。

(3) 将红色和黑色测试线探头并联到被测电路两端。

(4) 从显示屏上读取测量值。按 RANGE 键可以手动选择量程,手动量程测量时显示"OL",需选择更大的量程后再进行测量。在最大量程下显示"OL",说明电压超过 1 000 V,应立即将红色和黑色测试线探头从被测电路上移开。

(5) 进行直流电压的测量时,注意应将红色测试线探头连接到被测电路的正端,黑色测试线探头连接到被测电路的负端。如果测试线反向连接,数值前会增加一个"-"。读数时需要注意电压数值的正负。

注:当表笔悬空时,由于仪表内部是高阻输入,测试线感应的电压可能使显示屏有不稳定的读数,但不影响测量时的精度。

2) 直流/交流毫伏的测量 **mV≈**

(1) 红色和黑色测试线的连接方式与以上"直流/交流电压的测量"部分相同。

(2) 当需要测量小电压信号时,可将功能/量程选择旋钮⑤旋转到 **mV≈** 挡,此时显示屏显示"DC"字样,如果测量交流信号,按 FUNC 键切换到交流测量状态,此时显示屏显示"AC"字样。

(3) 从显示屏上读取测量值。若显示屏显示"OL",说明被测电压超过仪表该挡位的量程(200 mV),应立即将红色和黑色测试线探头从被测电路上移开。然后将功能/量程选择旋钮⑤旋转到 **V≈** 位置,重新测量。

注:测量时不要测量超出量程上限的电压,以免损坏仪表。

3) 电阻/通断/二极管的测量 **Ω·⑴ ⊣←**

(1) 将红色和黑色测试线插头分别插入①"VΩ ⊣← Hz ⅄"端和②"COM"端。

(2) 将功能/量程选择旋钮⑤旋转到 $\overset{\Omega \cdot))}{\rightarrow}$ 位置。

(3) 按 FUNC 键选择电阻(Ω)测量模式,或通断(·)))测试模式,或二极管(⊶)测量模式。

(4) 测量电阻时,将红色和黑色测试线探头接到电阻两端,从显示屏上读取电阻值。通断测量时,将红色和黑色测试线探头分别接到两个被测点,若两个点之间的电阻小于约 30 Ω,蜂鸣器将发出声音,显示屏显示电阻值;若显示"OL",说明两个点之间的电阻大于 220 MΩ。二极管测量时,将红色测试线探头接二极管阳极、黑色测试线探头接二极管阴极,二极管正向偏置,显示屏将显示二极管的正向电压降。若显示屏显示"OL",则表示二极管反向偏置或开路。

(5) 在电阻测量模式时,按 RANGE 键可以选择量程。量程指示器指示量程值。手动量程测量若显示"OL",则要选择更大的量程来测量。通断测量模式时按 RANGE 键无效。

注:在电路板上测量电阻和通断时,应先关闭被测电阻的所有电源,电容全部放电,在进行电阻测量时任何电压出现都会引起测量读数不准确。由于可能存在其他电路的并联,故测量电阻器的电阻时需保持电阻器断电且开路测量。另外,在测量时不要用双手捏住电阻两端金属引脚,以免因人体造成测量误差。

4) 电容的测量 ⊣⊢

(1) 将红色和黑色测试线插头分别插入①"VΩ ⊣⊢ Hz ⚡"端和②"COM"端。

(2) 将功能/量程选择旋钮⑤旋转到 ⊣⊢ 位置。

(3) 所有的电容器在测量前必须全部放电(注:电容放电的一个安全途径是在电容两端跨接一个 100 kΩ 的电阻)。

(4) 将红色和黑色测试线探头接到电容器两端,若测量的电容器是有极性电容,应将红色测试线探头接电容器正极,黑色测试线探头接电容器负极。

(5) 从显示屏上读取电容值。测量电容的范围为 10 pF~220 mF。若电容值大于 220 mF,仪表将显示"OL"。若电容值小于 10 pF,仪表将显示"0"。

(6) 按 RANGE 键可以手动选择量程,量程指示器显示量程值。手动量程测量时若显示"OL",需选择更大的量程再测量。若已经是最大量程,说明电容值大于 220 mF。一般情况下,选择能给出最精确的测量读数的测量量程或设置为自动量程。

注:

(1) 测量 220 μF~220 mF 电容器时,为保证测量精度,仪表需用较长时间对电容器放电,所以测量值的刷新比较慢。

(2) 不要在有其他器件并联的电路板上测量电容,以免误差过大。

(3) 电容的残留电压、绝缘阻抗和电介质吸收等都可能引起测量误差。

＊5) 直流/交流毫安的测量 mA≈(一般用数字电流表代替)

(1) 将红色测试线插头插入③"μA/mA"端,黑色测试线插头插入②"COM"端。

(2) 将功能/量程选择旋钮⑤旋转到 mA≈ 位置。

(3) 通过按 FUNC 键实现交、直流电流 mA 测量功能的切换。

(4) 先关闭被测电路的电源,以串联方式将红色和黑色测试线探头接到被测电路,再打开被测电路电源。

(5) 由显示屏读取测量值。测量直流时,若显示为正,表示电流由红色测试线流入仪表;若显示为负,表示电流由黑色测试线流入仪表;若显示"OL",说明实测电流已超过量程。

(6) 测直流电流或交流电流时,按 RANGE 键可以手动选择量程。

注:测量电流时,不可将红色和黑色测试线探头并联到被测电路两端。

* 6) 直流/交流微安的测量 **μA≈**（一般用数字电流表代替）

（1）将红色测试线插头插入③"**μA/ mA**"端，黑色测试线插头插入②"**COM**"端。

（2）将功能/量程选择旋钮⑤旋转到 **μA≈** 位置。其余操作同以上电流毫安的测量。

* 7) 直流/交流安培的测量 **A≈**（一般用数字电流表代替）

（1）将红色测试线插头插入④"**A**"端，黑色测试线插头插入②"**COM**"端。

（2）将功能/量程选择旋钮⑤旋转到 **A≈** 位置。其余操作同以上电流毫安的测量。

8) 自动休眠

仪表按键及挡位无操作超过 15 min 时，仪表自动关机，关机前，蜂鸣器鸣叫 3 声。仪表自动关机后，其他按键和旋钮不起作用，需触发 ▓ 键才能重新唤醒仪表。

3. 使用注意事项

1）通断测试时，当测量超过量程范围时，仪器将发出蜂鸣声。

2）不要在电流测量挡测电压值，以免损坏仪器。

3）实验结束后，应将旋钮开关旋至 OFF 挡，并关闭数字万用表背面的电源开关。

1.2.3 数字电流表

数字电流表（HF5135‑PR‑5 V 数显仪表）主要用于实验中直流电流的测定，如图 1‑3 所示。单位：mA。测量范围：0～200 mA。可显示极性，"—"表示电流从电流表负极流入，无"—"则表示电流从电流表正极流入。数字电流表有两对端口，电源端口（POWER）和测量端口（INPUT），POWER 端是电流表的供电端，接固定直流电压 5 V，一般接在稳压源的固定 5 V 接口，注意正负极性。INPUT 端为电流表的测试端，使用时串联入电路中，测量对应电路的电流，注意正负极性，按电流方向，流入为正端，流出为负端，显示正值表示电流方向相同，显示负值表示电流方向相反，方向人为接反则加负号，注意电流表不可短路。

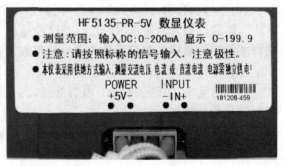

HF5135-PR-5V 数显仪表
● 测量范围：输入DC：0-200mA 显示 0-199.9
● 注意：请按照标称的信号输入，注意极性。
● 本仪表采用供地方式输入，测量交流电压 电流 或 直流电流 电源需独立供电！

POWER   INPUT
+5V−   −IN+
181208-459

(a) 正面　　　　　　　　　　　　(b) 背面

图 1‑3　数字电流表

常见故障及可能原因：

1. 电流表无显示：无电源供电，或供电线断开，或电流表损坏。

2. 电流表显示"0.00"：电流表短路，或测试线断开，或电路断开。

3. 电流表显示"—.1"：电流表烧坏。

1.2.4 直流稳压电源

GPD‑3303D 型直流稳压电源，是一种有三路输出的高精度直流稳压电源。其中两路（CH1、CH2）为输出 0～30 V(3 A)可调、稳压与稳流可自动转换的稳定电源，另一路为输出电压可切换为 2.5 V/3.3 V/5 V(3 A)的稳压电源。使用时两路可调电源一般单独使用,也可以串联或并联使用。在串联或并联时,只需对主路(CH1)电源的输出进行调节,从路(CH2)电源的输出严格跟踪主路。

1. 面板介绍及功能说明

GPD‑3303D 型直流稳压电源面板如图 1‑4 所示。

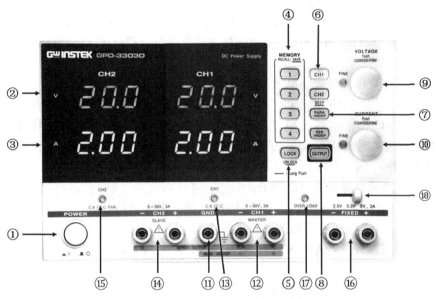

图 1‑4　GPD‑3303D 型直流稳压电源面板

控制面板区域:

① POWER 电源键:电源开关。按下时打开电源,弹出时关闭电源。

② V 电压显示:分别显示 CH1、CH2 的输出电压(3 位)。

③ A 电流显示:分别显示 CH1、CH2 的输出电流(3 位)。

＊④ MEMORY 存储:呼叫或存储 MEMORY 中的数值。4 组设定值,1～4 可选择。

⑤ LOCK 锁定键:短按可锁定前面板,长按可解除锁定。锁定时,按键灯点亮。

⑥ CH1/CH2/蜂鸣器:选择对应的输出通道(CH1/CH2),选中该通道时,对应的通道按键灯亮,可对该通道的电压、电流值进行调节。长按 CH2 键,可打开或关闭按键蜂鸣声。

＊⑦ PARA/INDEP(SER/INDEP)并联/串联键:切换 PARA/INDEP 键可启动 CH1 通道和 CH2 通道并联模式(PARA/INDEP 按键灯亮),或恢复独立模式状态(PARA/INDEP 按键灯灭);切换 SER/INDEP 键可启动 CH1 通道和 CH2 通道串联模式(SER/INDEP 按键灯亮),或恢复独立模式状态(SER/INDEP 按键灯灭)。

⑧ OUTPUT 键:输出开关。按下此开关,按键灯亮,有电压和电流输出。(注:输出键不受锁定键控制。)

⑨ VOLTAGE 电压旋钮:可针对 CH1 通道或 CH2 通道调整输出电压值(最大为 30 V)。按下此旋钮开关可切换粗调(每旋动 1 格,设定电压变化 1 V)或细调(每旋动 1 格,设定电压变化 0.1 V)。当选择细调模式时,此旋钮左侧"FINE"指示灯点亮。

⑩ CURRENT 电流旋钮:可针对 CH1 通道或 CH2 通道调整最大输出电流值(最大为

3 A)。按下此旋钮开关可切换粗调(每旋动 1 格,设定电流变化 0.1 A)或细调(每旋动 1 格,设定电流变化 0.01 A)。当选择细调模式时,此旋钮左侧"FINE"指示灯点亮。

端子区域:

⑪ GND 接地端:机壳漏电保护接地端。

⑫ CH1 输出端:输出 CH1 电压与电流。右侧"+"端为 CH1 通道电源正极输出端子,左侧"−"端为 CH1 通道电源负极输出端子。

⑬ CH1 C.V. /C.C.指示灯:指示 CH1 通道状态。当 CH1 输出在恒压源状态时,C.V. /C.C.指示灯亮绿灯。当 CH1 正负极短接或输出电流过载时,C.V. /C.C.指示灯亮红灯。

⑭ CH2 输出端:输出 CH2 电压与电流。右侧"+"端为 CH2 通道电源正极输出端子,左侧"−"端为 CH2 通道电源负极输出端子。

⑮ CH2 C.V. /C.C. PAR.指示灯:指示 CH2 通道状态或并联操作模式。当 CH2 输出在恒压源状态时,C.V. /C.C.指示灯亮绿灯。当 CH2 正负极短接或输出电流过载时,或 CH1 与 CH2 工作在并联模式时,C.V. /C.C. PAR.指示灯亮红灯。

⑯ CH3 输出端:输出 CH3 电压与电流。右侧"+"端为 CH3 通道电源正极输出端子,左侧"−"端为 CH3 通道电源负极输出端子。

⑰ OVERLOAD 过载指示灯:当 CH3 输出电流过载时,OVERLOAD 指示灯亮红灯,且 CH3 通道工作模式由恒压源状态切换至恒流源状态。

⑱ CH3 电压选择开关:选择输出电压为 2.5 V、3.3 V 或 5 V。

2. 使用方法

1) CH1/CH2 独立模式(Independent Mode)

此时,CH1 和 CH2 输出端将工作在各自独立状态。独立模式主要用于输出两路不同大小的电源电压,如可分别单独输出 12 V 和 9 V 电源电压。

操作步骤如下:

(1) 确定并联和串联键⑦均关闭(按键灯不亮)。

(2) 分别连接负载到前面板端子:CH1 输出端⑫和 CH2 输出端⑭。请注意电源极性,切勿接反。

(3) 设置 CH1 输出电压和电流:按下 CH1 开关⑥(灯点亮)后,使用电压旋钮⑨和电流旋钮⑩。通常情况下,电压和电流旋钮工作在粗调模式。如需启动细调模式,按下旋钮,"FINE"灯亮。请注意:此时电流表头③显示的电流数值为 CH1 通道对外供电时,可输出的最大电流值。

(4) 设置 CH2 输出电压和电流时,按下 CH2 开关⑥,重复第(3)步操作。

(5) 按下 OUTPUT 输出键⑧。此时,"OUTPUT"按键灯点亮,且 C.V. /C.C.指示灯⑬和⑮亮绿灯。请注意:此时电流表头③显示的电流数值为 CH1 通道对外供电时,实际输出的电流大小。

在独立模式下,也可以用两路电源构成正负电压输出,如±15 V 电压。操作方法为:先将两路可调电压源 CH1 和 CH2 电压均调至 15 V,然后把 CH2 通道的"+"输出端与 CH1 通道的"−"输出端用一根导线相连,并用另一根导线将其引出作为电路的参考地。此时,CH1 通道的"+"端电位为+15 V,CH2 通道的"−"端电位为−15 V。

2) CH3 独立模式

CH3 有三挡额定电压输出值,分别为:2.5 V、3.3 V 和 5 V,最大输出电流为 3 A。CH3 没有串联/并联模式,且 CH3 输出独立于 CH1 和 CH2 模式,不受它们的影响。

操作步骤如下:

(1) 连接负载到前面板 CH3 端子⑯。请注意电源极性,切勿接反。

(2) 通过 CH3 电压选择开关,选择输出电压为 2.5 V、3.3 V 或 5 V。

(3) 按下 OUTPUT 输出键⑧,"OUTPUT"按键灯点亮。当 CH3 通道输出电流值超过 3 A 时,OVERLOAD 过载指示灯⑰亮红灯。

＊3) CH1/CH2 串联追踪模式(Tracking Series Mode)

串联追踪模式时,此直流稳压电源能够输出 2 倍电压能量,它通过内部连接 CH1(主)和 CH2(从),串联合并输出为单通道。其中,CH1(主)控制合并输出电压值。CH2 的输出电压将严格跟踪 CH1,此时从 CH1 的"＋"端和 CH2 的"－"端输出的最大电压为 60 V。当单个通道电源电压不能达到所需的电压大小时,可采用串联追踪模式,以提高电源的输出电压。

操作步骤如下:

(1) 连接负载的正端到前面板 CH1 通道⑫的"＋"输出端,连接负载的负端到前面板 CH2 通道⑭的"－"输出端。

(2) 按下 SER/INDEP 按键⑦,启动串联模式(按键灯亮)。此时,CH2 输出端的"＋"极将自动与 CH1 输出端的"－"极连接,二路电源串联,即由 CH1 的"＋"端和 CH2 的"－"端构成一组电源。

(3) 按下 CH2 开关⑥(灯点亮)后,使用电流旋钮⑩来设置 CH2 输出电流到最大值(3 A)。通常,电压和电流旋钮工作在粗调模式。如需启动细调模式,按下旋钮,"FINE"灯亮。

(4) 按下 CH1 开关⑥(灯点亮)后,使用电压旋钮⑨和电流旋钮⑩来设置输出电压和电流值。

(5) 按下 OUTPUT 输出键⑧,按键灯点亮。此时,C.V./C.C.指示灯⑬和⑮亮绿灯。

(6) 实际输出电压值的读取:读 2 倍 CH1 电压表头显示值。实际输出电流值的读取:读 CH1 电流表头显示值(CH2 电流控制在最大 3 A)。

本书仅介绍了"无公共端串联"模式,欲了解更多信息,可查找相关技术文档。

＊4) CH1/CH2 并联追踪模式(Tracking Parallel Mode)

并联追踪模式时,此直流稳压电源能够输出 2 倍电流能量,它通过内部连接 CH1(主)和 CH2(从),并联合并输出为单通道。其中,CH1(主)控制合并输出,CH2 的输出电压、电流将严格跟踪 CH1。CH1 电压表头显示输出端的额定电压值,二路电源输出电流相同,总的最大输出电流为 6 A。采用并联追踪模式可提高电路的输出电流。

操作步骤如下:

(1) 连接负载到前面板 CH1 通道⑫的"＋""－"输出端,请注意电源极性,切勿接反。

(2) 按下 PARA/INDEP 按键⑦,启动并联模式(按键灯亮)。此时,CH2 输出端的"＋"极和"－"极自动与 CH1 输出端的"＋"极和"－"极两两并联接在一起,二路电源并联后构成一组电源。

(3) 按下 CH1 开关⑥(按键灯亮)后,使用电压旋钮⑨和电流旋钮⑩来设置输出电压和电流值。CH2 输出控制失去作用。通常情况下,电压和电流旋钮工作在粗调模式。如需启动细调模式,按下旋钮,"FINE"灯亮。

(4) 按下 OUTPUT 输出键⑧,按键灯点亮。此时,CH1 C.V./C.C.指示灯⑬亮绿灯,

CH2 C.V./C.C. PAR.指示灯⑮亮红灯。

（5）实际输出电压值的读取：读 CH1 电压表头显示值。实际输出电流值的读取：读 2 倍 CH1 电流表头显示值。

图 1-5 为常用的电源电压工作模式接线图。

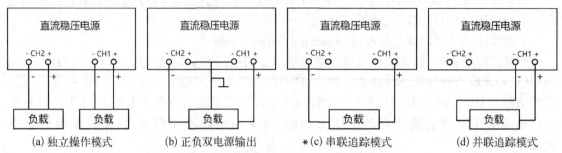

图 1-5　电源电压工作模式接线图

3. 使用注意事项

1）GPD-3303D 型直流稳压电源具有较完善的保护功能，三路电源具有可靠的限流和短路保护。可调电源的使用中，当电路的实际电流大于设定的保护电流，或电路中存在短路情况时，接通电源后，输出指示灯⑬或⑮亮红灯（并联追踪模式时请参考相关说明），输出电压相应下降，虽然不会对电源造成损坏，但是电源仍有功率损耗，此时可通过调节旋钮⑩增大相应通道的电流，若红灯仍然亮，为了减少不必要的能量损耗和机器老化，应尽早关闭电源，查找原因，排除故障。

2）仪器上的 GND 接地端⑪为机壳漏电保护接地端，不是电路参考地连接端，请勿接入电路。

1.2.5　示波器

DS2102A-EDU 型数字示波器是一款含双通道，带宽为 100 MHz，采样率高达 2 GSa/s，同时兼具标配 14 Mpts 存储深度和 50 000 wfms/s 波形捕获率的通用数字示波器。此款示波器采用 8 英寸 TFT LCD 宽屏；波形亮度可调；自动测量 24 种波形参数（可选择带统计的测量功能）；内嵌 FFT 功能；包含多重波形数学运算功能；支持硬件实时的波形录制、回放及分析功能；支持 U 盘存储和 PictBridge 打印机等实用功能。

1. 面板操作键及功能说明

DS2102A-EDU 型数字示波器的前面板如图 1-6 所示。前面板可分为显示器控制、垂直控制、水平控制和触发控制四部分。

1）垂直控制

垂直控制旋钮及按键用于选择通道是否开启，以及设置各信号在垂直方向上的显示。垂直控制区各控制钮的位置如图 1-7 所示。各控制钮的功能说明如下：

（1）CH1、CH2 按键：模拟输入通道。两个通道标签用不同颜色标识（黄色代表 CH1 通道，蓝色代表 CH2 通道），并且屏幕中的波形和通道输入连接器的颜色也与之对应。按下任一通道按键开启相应通道，并打开相应的通道设置菜单，屏幕右侧显示耦合、带宽限制和探头比等设置菜单；再次按下通道按键将关闭该通道。

＊（2）MATH 按键：按下该键打开数学运算菜单。可进行加、减、乘、除、FFT、逻辑、高级

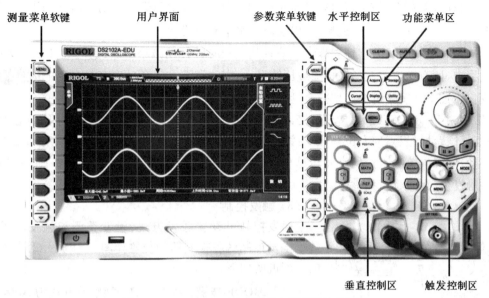

测量菜单软键　用户界面　参数菜单软键　水平控制区　功能菜单区

垂直控制区　触发控制区

图 1 - 6　DS2102A - EDU 型数字示波器的前面板

运算。

　　*（3）REF 按键：按下该键打开参考波形功能。可将实测波形和参考波形进行比较，以判断电路是否发生故障。

　　（4）垂直 ⊙ POSITION 旋钮：修改当前通道波形的垂直位移。顺时针转动增大位移，逆时针转动减小位移。修改过程中波形会上下移动，同时屏幕左下角弹出的位移信息（如 POS: 930.0mV ）实时变化，修改完成后位移信息将自动隐藏。按下该旋钮可快速将垂直位移归零。

　　（5）垂直 ⊙ SCALE 旋钮：修改当前通道的垂直挡位。顺时针转动减小挡位，逆时针转动增大挡位。修改过程中波形显示幅度会增大或减小，同时屏幕左下方的挡位信息（如 1 ── 500mV ）实时变化。按下该旋钮可快速切换垂直挡位调节方式为粗调或微调。

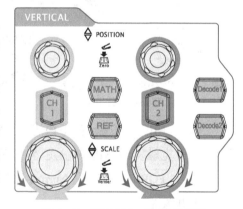

图 1 - 7　DS2102A - EDU 型数字示波器垂直控制区

　　*（6）Decode1、Decode2 按键：解码功能按键。按下相应的按键打开解码功能菜单。此款示波器支持并行解码和协议解码。

　　2）水平控制

　　水平控制可用于选择时基操作，调节水平挡位、位移和信号的延迟扫描等。水平控制区各控制钮的位置如图 1 - 8 所示。各控制钮的功能说明如下：

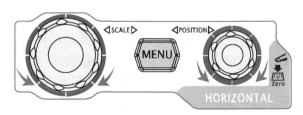

图 1 - 8　DS2102A - EDU 型数字示波器水平控制区

(1) [MENU] 按键：按下该键打开水平控制菜单。可开关延迟扫描功能，切换不同的时基模式，切换挡位调节方式为微调或粗调，以及修改水平参考设置。

(2) 水平 ⊙ SCALE 旋钮：修改水平时基。顺时针转动减小时基，逆时针转动增大时基。修改过程中，所有通道的波形被扩展或压缩显示，同时屏幕左上角的时基信息（如 **H 5.000ns**）实时变化。按下该旋钮可快速切换至延迟扫描状态。

(3) 水平 ⊙ POSITION 旋钮：修改触发位移。转动旋钮时触发点相对屏幕中心左右移动。顺时针转动触发点向右位移，逆时针转动触发点向左位移。修改过程中，所有通道的波形左右移动，同时屏幕右上角的触发位移信息（如 **D 5.80000000ns**）实时变化。按下该旋钮可快速复位触发位移（或延迟扫描位移）。

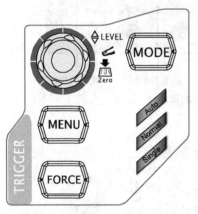

图 1 - 9 DS2102A - EDU 型数字示波器触发控制区

3）触发控制

触发控制可设置触发方式、触发类型和触发电平等参数。触发控制区各控制钮的位置如图 1 - 9 所示。各控制钮的功能说明如下：

（1）[MODE] 按键：按下该键切换触发方式为 **Auto**（自动触发）、**Normal**（正常触发）或 **Single**（单次触发），当前触发方式对应的状态背景灯会变亮。

（2）触发 ⊙ LEVEL 旋钮：修改触发电平。顺时针转动增大电平，逆时针转动减小电平。修改过程中，触发电平线上下移动，同时屏幕左下角的触发电平消息框（如 **Trig Level:1.88 V**）中的值实时变化，修改完成后触发电平信息将自动隐藏。按下该旋钮可快速将触发电平恢复至零点。

*（3）[MENU] 按键：按下该键打开触发操作菜单。此款示波器提供丰富的触发类型（如边沿触发、脉宽触发、欠幅脉冲触发、斜率触发、码型触发、RS232 触发和 SPI 触发等）。

*（4）[FORCE] 按键：在 **Normal** 和 **Single** 触发方式下，按下该键将强制产生一个触发信号。

4）电源键

[⏻]：当示波器处于通电状态时，按下前面板左下角的电源键即可启动示波器；开机过程中示波器执行一系列自检，自检结束后出现开机画面。示波器处于通电状态时，前面板左下角的电源键呈呼吸状态。

5）全部清除键

[CLEAR]：按下该键清除屏幕上所有的波形。如果示波器处于"RUN"状态，则继续显示新波形。

6）波形自动显示

[AUTO]：按下该键启用波形自动设置功能。示波器将根据输入信号自动调整垂直挡位、水平时基以及触发方式，使波形显示达到最佳状态。（注：在实际检测中，应用自动设置时，要求被测信号的频率不小于 25 Hz，占空比大于 1‰，且幅度至少为 20 mV$_{pp}$。如果不满足此参数范围，按下该键后，屏幕上可能不能显示稳定的波形。）如果波形依然无法很好显示，则需进一步手动调节水平时基、垂直挡位和垂直位移等。

注意：每次按 AUTO 键后通道设置都有可能改变，需重新设置通道参数。

7) 运行控制

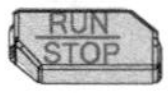

：按下该键将示波器的运行状态设置为“运行”或“停止”。“运行”状态下，该键黄色背景灯点亮。而“停止”状态下，该键红色背景灯点亮。

*8) 单次触发

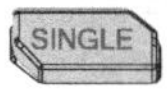

：按下该键将示波器的触发方式设置为“Single”。单次触发方式下，按下 **FORCE 按键**，立即产生一个触发信号。

9) 多功能旋钮

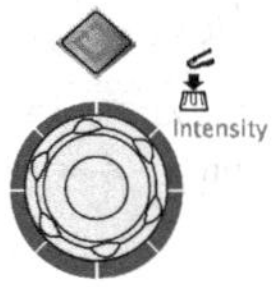

(1) 调节波形亮度：

非菜单操作时(菜单隐藏)，转动该旋钮可调整波形显示的亮度。亮度可调节范围为 0～100%。顺时针转动增大波形亮度，逆时针转动减小波形亮度。按下旋钮将波形亮度恢复至 50%。也可按下“**Display 按键**”→“波形亮度”，使用该旋钮调节波形亮度。

(2) 多功能旋钮：

菜单操作时，按下某个菜单软键后，转动该旋钮可选择该菜单下的子菜单，然后再按下旋钮可选中当前选择的子菜单。还可以用于修改参数、输入文件名等。若多功能旋钮处于可操作状态时，旋钮上方的“↻”背景灯变亮；若多功能旋钮处于不可操作状态时，旋钮上方的“↻”背景灯熄灭。

10) 功能菜单区

功能菜单区可设置测量、采样、存储、光标测量、显示和系统辅助功能等参数。功能菜单区各控制钮的位置如图 1-10 所示。各控制钮的功能说明如下：

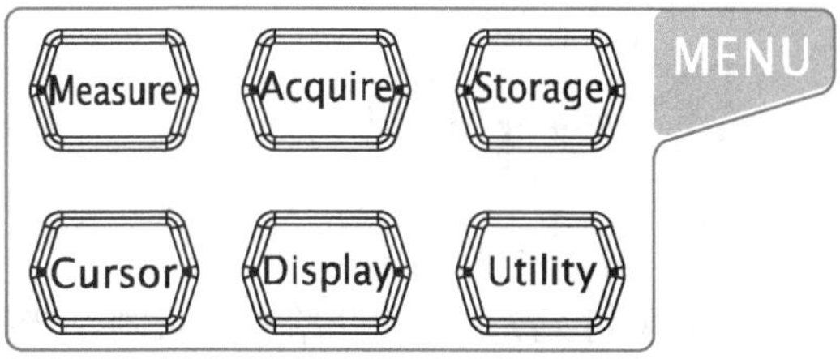

图 1-10　DS2102A-EDU 型数字示波器功能菜单区

(1) **Measure 按键**：按下该键进入测量设置菜单。可设置信源选择、移除测量、全部测量和统计功能等。按下屏幕右侧的 **MENU 按键**，可打开 24 种波形参数测量菜单，然后按下相应的菜单软键快速实现“一键”测量，测量结果将出现在屏幕底部。

(2) **Acquire 按键**：按下该键进入采样设置菜单。可设置示波器的获取方式、存储深度和抗混叠功能。当测量信号幅值较小时(如 10 mV_{pp})，可启动 Acquire 设置信号滤波方式(普通、平均、峰值检波、高分辨率)，如选择平均或高分辨率，显示波形可更加清晰稳定。

*(3) **Storage 按键**：按下该键进入文件存储和调用界面。可存储的文件类型包括轨迹存储、波形存储、设置存储、图像存储和 CSV 存储。支持内、外部存储和磁盘管理。(注：按下此按键，然后按下屏幕右侧“默认设置”对应的菜单软键，可快速恢复出厂设置。)

(4) **Cursor 按键**：按下该键进入光标测量菜单。示波器提供手动测量、追踪测量、自动测

量和 X-Y 四种光标模式。注意：X-Y 光标模式仅在水平时基为 X-Y 模式时可用。

(5) Display 按键：按下该键进入显示设置菜单。设置波形显示类型、余辉时间、波形亮度、屏幕网格、网格亮度和菜单保持时间。

*(6) Utility：按下该键进入系统功能设置菜单。设置系统相关功能或参数，如接口、扬声器和语言等。此外，还支持一些高级功能，如通过/失败测试、波形录制和打印设置等。

*11) 内置帮助系统

Help：本示波器的帮助系统提供了前面板各功能键（包括菜单键）的说明。按下该键打开帮助界面，再次按下则关闭。帮助界面主要分两部分，左边为"帮助选项"，可使用"Button"或"Index"方式选择，右边为"帮助显示区"。Button 方式下，可以直接按面板上的按键，或者旋转多功能旋钮选择按键名称，即可在"帮助显示区"中获得相应的帮助信息。Index 方式下，使用多功能旋钮选择需要获得帮助的选项，当前选中的选项显示为棕色，按下旋钮，即可在"帮助显示区"中获得相应的帮助信息。

*12) 打印

：按下该键执行打印功能或将屏幕保存到 U 盘中。若当前已连接 PictBridge 打印机，并且打印机处于闲置状态，按下该键将执行打印功能。若当前未连接打印机，但连接 U 盘，按下该键则将屏幕图形以".bmp"格式保存到 U 盘中。(注：若当前存储类型为图像存储时，会以指定的图片格式保存到 U 盘中。)同时连接打印机和 U 盘时，打印机优先级较高。

13) 导航

：对于某些可设置范围较大的数值参数，该旋钮提供了快速调节/定位的功能。顺时针(逆时针)旋转增大(减小)数值；内层旋钮为微调，外层旋钮为粗调。

*14) 波形录制

停止　回放/暂停　录制

(1) **录制**：按下该键开始波形录制，按键背景灯为红色。此外，打开录制常开模式时，该按键背景灯点亮。

(2) **回放/暂停**：在停止或暂停的状态下，按下该键回放波形，再次按下该键暂停回放，按键背景灯为黄色。

(3) **停止**：按下该键停止正在录制或回放的波形，按键背景灯为橙色。

2. 用户界面说明

DS2102A-EDU 型数字示波器提供 8 in① WVGA(800×480)160 000 色 TFT LCD 显示屏。其用户界面如图 1-11 所示。

① 自动测量选项：提供 12 种水平(HORIZONTAL)和 12 种垂直(VERTICAL)测量参数。按下屏幕左侧的软键即可打开相应的测量项，连续按下 MENU 按键，可切换水平和垂直测量参数。[注：若测量显示为"*****"，表明当前测量源没有信号输入，或测量结果不在有效

---

① 1 in≈2.54 cm。

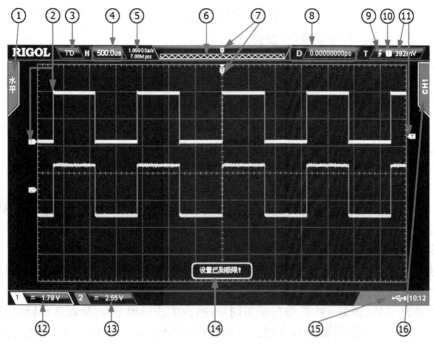

图 1－11　DS2102A－EDU 型数字示波器用户界面

范围内(过大或过小)。]

② 通道标记/波形：不同通道用不同的颜色标识,通道标记和波形的颜色一致。

③ 运动状态：可能的状态包括 RUN(运行)、STOP(停止)、T′D(已触发)、WAIT(等待)和 AUTO(自动)。

④ 水平时基：显示当前屏幕水平轴上每格所代表的时间长度。使用**水平** SCALE **旋钮**可以修改该参数,可设置范围为 5.000 ns～1.000 ks。

⑤ 采样率/存储深度：显示当前示波器使用的采样率以及存储深度。使用 Acquire **按键**可以修改该参数。

⑥ 波形存储器：提供当前屏幕中的波形在存储器中的位置示意图。

⑦ 触发位置：显示波形存储器和屏幕中波形的触发位置。

⑧ 触发位移：使用可以调节该参数。按下旋钮时参数自动设置为 0。

⑨ 触发类型：显示当前选择的触发类型及触发条件设置。选择不同触发类型时显示不同的标识。例如, 表示在"边沿触发"的上升沿处触发。

⑩ 触发源：显示当前选择的触发源(CH1. CH2. EXT 或市电)。选择不同触发源时,显示不同的标识,并改变触发参数区的颜色。例如, 表示选择 CH1 作为触发源。

⑪ 触发电平：屏幕右侧的 为触发电平标记,右上角为触发电平值。使用**触发** LEVEL **旋钮**修改触发电平时,触发电平值会随 的上下移动而改变。

⑫ CH1 垂直挡位：显示屏幕垂直方向 CH1 每格波形所代表的电压大小。使用**垂直** SCALE**旋钮**可以修改该参数。此外还会根据当前的通道设置给出如下标记：通道耦合(如)、阻抗输入(如)和带宽限制(如)。

⑬ CH2 垂直挡位：显示屏幕垂直方向 CH2 每格波形所代表的电压大小。使用**垂直**

SCALE旋钮可以修改该参数。此外还会根据当前的通道设置给出如下标记：通道耦合（如 ）、阻抗输入（如 ）和带宽限制（如 ）。

⑭ 消息框：显示提示消息。

⑮ 通知区域：显示系统时间、声音图标和 U 盘图标。系统时间：以"hh:mm(时:分)"的格式显示；声音图标：声音打开时，该区域显示 ；U 盘图标：当示波器检测到 U 盘时，该区域显示 。

⑯ 操作菜单：按下屏幕右侧任一软键可激活相应的菜单。

3. 使用方法

1) 手动方式显示波形

DS2102A - EDU 型数字示波器提供 2 个模拟输入通道，即 CH1 和 CH2。2 个模拟输入通道的设置方法基本相同，此处以 CH1 为例介绍常规的手动设置方法。操作步骤如下：

(1) 接通电源，按下面板上的电源键，指示灯亮。

(2) 触发设置：数字示波器在工作时，不论仪器是否稳定触发，总是在不断地采集波形，但只有稳定的触发才有稳定的显示。触发电路保证每次时基扫描或采集都从输入信号上与用户定义的触发条件开始，即每一次扫描与采集同步，捕获的波形相重叠，从而显示稳定的波形。触发设置应根据输入信号的特征进行，因此，应该对被测信号有所了解，才能快速捕获所需波形。触发信源设置：按前面板触发控制区中的 MENU 按键→屏幕右侧"信源选择"菜单软键，选择 CH1 作为触发信源。触发控制区中，按下 MODE 按键或通过设置 MENU 按键→屏幕右侧"触发方式"菜单软键为 Auto(自动触发)，下方对应的 Auto 状态背景灯变亮。

(3) 由模拟通道 CH1 检测输入信号，按前面板垂直控制区中的 CH1 按键开启通道。

(4) 打开通道后，根据输入信号调整通道的垂直挡位、水平时基以及触发方式等参数，使波形显示易于观察和测量。

(5) 通道设置：屏幕右侧显示通道设置菜单，同时屏幕下方的通道标签突出显示。通道标签中显示的信息与当前通道设置有关。

(6) 通道耦合设置：设置合适的耦合方式可以滤除不需要的信号。例如，被测信号是一个含有直流偏置的方波信号。当耦合方式为"直流"时，被测信号含有的直流分量和交流分量都可以通过；当耦合方式为"交流"时，被测信号含有的直流分量被阻隔；当耦合方式为"接地"时，被测信号含有的直流分量和交流分量都被阻隔。按 CH1 按键→屏幕右侧"耦合"菜单软键，使用多功能旋钮 选择所需的耦合方式(默认为直流)。当前耦合方式会显示在屏幕下方的通道标签中。也可以连续按"耦合"菜单软键切换耦合方式。

(7) 探头比设置：用户可以手动设置探头衰减比。当不需要探头衰减时(即衰减系数为 1∶1)，设置探头比为"1X"即可。

(8) 输入阻抗设置：为减少示波器和待测电路相互作用引起的电路负载，本示波器提供了 1 MΩ(默认)和 50 Ω 两种输入阻抗模式。1 MΩ 表示此时示波器的输入阻抗非常高，从被测电路流入示波器的电流可忽略不计；50 Ω 表示使示波器和输出阻抗为 50 Ω 的设备匹配。按 CH1 按键→屏幕右侧"输入"菜单软键，设置示波器的输入阻抗。选择"50 Ω"时，屏幕下方的通道标签中会显示符号"Ω"。

(9) 垂直幅度挡位设置：垂直幅度挡位的调节方式有"粗调"和"微调"两种。按 CH1 按键→屏幕右侧"幅度挡位"菜单软键,选择所需的模式。转动垂直 ⚙ POSITION 旋钮调节垂直幅度挡位,顺时针转动减小挡位,逆时针转动增大挡位。调节垂直挡位时,屏幕下方通道标签中的挡位信息实时变化,垂直挡位的调节范围与当前设置的探头比有关。默认情况下,探头衰减比为 1X,垂直挡位的调节范围为 500 μV/Div～10 V/Div。

(10) 时基模式设置:按下前面板水平控制区中的 MENU 按键后,再按屏幕右侧"时基"菜单软键,可以选择示波器的时基模式,包含 Y-T 模式(默认模式)、X-Y 模式和 ROLL 模式。在 Y-T 模式下,Y 轴表示电压量,X 轴表示时间量;在 X-Y 模式下,示波器将两个输入通道从电压-时间显示转化为电压-电压显示,其中,X 轴和 Y 轴分别跟踪 CH1 和 CH2 的电压,通过李沙育(Lissajous)法可方便地测量相同频率的两个信号之间的相位差;在 Roll 模式下,波形自右向左滚动刷新显示,水平挡位的调节范围是 200.0 ms～1.000 ks。

(11) 水平挡位设置:水平挡位的调节方式有"粗调"和"微调"两种。按前面板水平控制区中的 MENU 按键→屏幕右侧"挡位条件"菜单软键,选择所需的模式。转动水平 ⚙ SCALE 旋钮调节水平挡位,顺时针转动减小挡位,逆时针转动增大挡位。调节水平挡位时,屏幕左上角的挡位信息实时变化。粗调(逆时针为例):按 1 - 2 - 5 步进设置水平挡位,即 5 ns/Div、10 ns/Div、20 ns/Div、50 ns/Div、……、1.000 ks/Div。微调:在较小范围内进一步调整。

(12) 触发电平设置:每个通道的触发电平需要单独设置,如设置 CH1 的触发电平,先按"信源选择"键打开信源选择列表,选择当前信源为 CH1,再旋转触发 ⚙ LEVEL 旋钮修改电平,直至波形稳定显示。

(13) 按屏幕左侧的 MENU 按键,可打开多种波形参数测量菜单(频率、峰-峰值、有效值 N 等)。按下相应的菜单软键快速实现"一键"测量,测量结果将出现在屏幕底部。也可以按功能菜单区的 Measure 按键打开"全部测量"(显示在屏幕中上方),或者使用 Cursor 按键进入光标测量菜单。

2) 快捷方式显示波形(自动捕获)

操作步骤:

(1) 接通电源,按下面板上的电源键,指示灯亮。

(2) 当模拟通道 CH1 或 CH2 通道(或同时)检测到输入信号时,按下 AUTO 按键,启用波形自动设置功能。示波器将根据输入信号自动调整垂直挡位、水平时基以及触发方式,使波形显示达到最佳状态。(注:在实际检测中,AUTO 要求被测信号的频率不小于 25 Hz,占空比大于 1%,且幅度至少为 20 mV$_{pp}$。如果不满足此参数范围,按下该键后,屏幕上可能不能显示稳定的波形。)

(3) 按下 CH1 、CH2 按键进行通道设置,如通道耦合、带宽限制、探头比和输入阻抗等。

(4) 按屏幕左侧的 MENU 按键,可打开多种波形参数测量菜单(频率、峰-峰值、有效值 N 等)。按下相应的菜单软键快速实现"一键"测量,测量结果将出现在屏幕底部。

1.2.6　任意波形发生器

1. YB32020 任意波形信号发生器

YB32020 任意波形发生器采用直接数字合成(Direct Digital Synthesizer,DDS)技术,产生稳定、精确和低失真的输出信号。采用 3.5 in TFT LED 彩色液晶显示,采样率为 180 MSa/s,

分辨率为 12 bit,可输出 $1\,\mu Hz \sim 20\,MHz$ 正弦波,$1\,\mu Hz \sim 5\,MHz$ 方波,$1\,mHz \sim 1\,MHz$ 锯齿波,$1\,\mu Hz \sim 3\,MHz$ 脉冲波,$1\,mHz \sim 1\,MHz$ 任意波形。

1) 面板操作键及功能说明

YB32020 任意波形信号发生器的前面板如图 1-12 所示,有 1 个旋钮和 34 个功能按键。功能按键分为 6 类:菜单操作键、功能键、波形选择键、数字键、方向键和 CHA、CHB(A 路、B 路)信号输出控制开关。通过使用它们,可以进入不同的功能菜单或直接获得特定的功能应用。

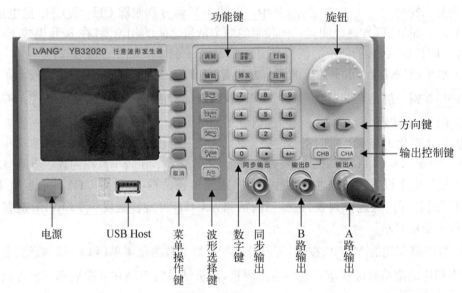

图 1-12　YB32020 任意波形信号发生器的前面板

(1) 电源开关:用于开启或关闭信号发生器。

(2) USB Host 端口:支持即插即用 USB 存储设备,快速添加和转移波形。

(3) 菜单操作键:从上到下共 7 个键,用于选择当前菜单的不同选项。屏幕右边显示的为操作菜单(详见图 1-14),如果菜单右边有一个三角形,表示该菜单具有多项,按对应操作键可以循环选择该菜单的各项。如果菜单右边没有三角形,表示该菜单只有一项。

(4) 波形选择键:

使用正弦波(Sine)按键,设置输出波形为正弦波,波形窗口显示正弦波信号。

使用方波(Square)按键,设置输出波形为方波,波形窗口显示方波信号。

使用锯齿波(Ramp)按键,设置输出波形为锯齿波,波形窗口显示锯齿波信号。

使用脉冲波(Pulse)按键,设置输出波形为脉冲波,波形窗口显示脉冲波信号。

使用任意波(Arb)按键,设置输出波形为任意波,波形窗口显示任意波信号。

(5) 数字键:用于波形参数值的设置,直接改变参数值的大小。输入方式为从左至右移位写入。数据中可以带有小数点,如果一次数据输入中有多个小数点,则只有第一个小数点为有效。在"偏移"功能时,可以输入负号。使用数字键只是把数字写入显示区,这时数据并没有生效,数据输入完成以后,必须按单位键作为结束,输入数据才开始生效。如果数据输入有错,可以用两种方法进行改正:一是按菜单操作 7 键取消,二是按方向键取消,然后再重新输入数据。数据的输入可以使用小数点和单位键任意搭配,仪器都会按照固定的单位格式将数据显示出来。

　　*（6）同步输出：输出幅度为 5 V，频率在 1 μHz～2 MHz 的 TTL 信号。需配合辅助（Utility）按键。

　　（7）B 路输出：输出 B 路单频信号。

　　（8）A 路输出：输出 A 路单频信号。

　　（9）输出控制键：CHA 是 A 路信号输出控制开关，CHB 是 B 路信号输出控制开关，灯亮有效。

　　（10）方向键：左、右键用于数值不同数位的切换，也可用于取消数值输入。

　　（11）旋钮：用于数据的连续调节。

　　*（12）功能键：调制（Mod）、存储／读取（Store／Recall）、扫描（Sweep）、辅助（Utility）、脉冲串（Burst）及应用设置（APP）。灯亮有效。

　　调制（Mod）按键：可输出调制波形。在调制模式中，通过设置调幅频率、调制深度、调制类型、调制波形和选择任意波形发生器，来改变调制输出波形。YB32020 可使用 AM、FM、FSK、ASK、PSK 调制波形。可调制正弦、方波、锯齿波或任意波形（不能调制脉冲、噪声和 DC）。

　　存储／读取（Store／Recall）按键：存储／读取任意波形数据和配置信息。本地菜单读取菜单：读出该文件名在 LCD 上显示的参数并输出信号，若文件名为空则不读取任何参数并返回上次模式，文件名通过旋钮选择，文件名为 0～9；按下存储菜单 1 次，输入文件名，文件名为 0～9，按下存储菜单 2 次，存储当前模式的全部参数。删除菜单：删除该文件名的所有参数，若文件名为空则不删除，文件名通过旋钮选择，文件名为 0～9。［注：本地读取和删除菜单操作顺序：通过旋钮选择文件名，再按读取或删除菜单。存储菜单操作顺序：按下存储菜单 1 次，通过数字键输入文件名（0～9），再按存储菜单，文件名为空时不存储。］U 盘：文件名固定为 3.bin，按下读取菜单将读出 U 盘的 3.bin 文件的波形数据存放在本机单片机内；存储菜单将当前的波形数据存储在 U 盘的 3.bin 文件；删除菜单删除 U 盘的 3.bin 文件。

　　扫描（Sweep）按键：对正弦、方波、锯齿波或任意波形产生扫描（不允许扫描脉冲、噪声和 DC）。在扫描模式中，YB32020 任意波形发生器在指定的扫描时间内从起始频率到终止频率变化输出。

　　辅助（Utility）按键：对辅助系统功能进行设置。实现① CHA 和 CHB 两通道的耦合，频率差、相位差，基准源的选择，耦合开关；② 同步 TTL 输出的开关。

　　脉冲串（Burst）按键：可以对正弦、方波、锯齿波、脉冲波或任意波形的脉冲串波形进行输出。

　　应用（APP）按键：厂家设置，用于服务和维护，不支持用户使用。

　　YB32020 任意波形信号发生器的后面板如图 1-13 所示，有输入、输出端口，可以帮助用户产生更加丰富的任意波形；后面板上的接口，能满足用户对多种接口通信的需求。

　　（1）调制波输入：频率调制和幅度调制都可以使用外部调制信号，仪器后面板上有一个"Modulation In"端口，其可以引入外部调制信号。外部调制信号的频率应该和载波信号的频率相适应，外部调制信号的幅度应根据调频频偏的要求来调整，外部调制信号的幅度越大，调频频偏就越大。使用外部调制时，应该将"调频深度"设定为 0，并关闭内部调制信号，否则会影响外部调制的正常运行。同样，如果使用内部调制，应该设定"调频深度"值，并且应该将后面板上的外部调制信号关闭，否则会影响内部调制的正常运行。按选项 5 键，选中"外部调制"，内部调制信号自动关闭。输入和载波信号的频率相适应，外部调制信号的幅度应根据调频频偏或调幅深

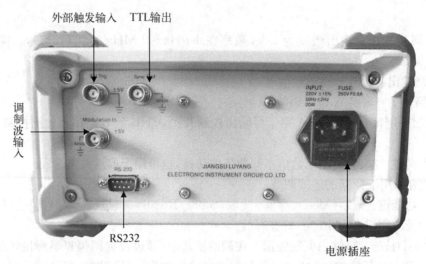

外部触发输入　TTL输出

调制波输入

RS232

电源插座

图 1 - 13　YB32020 任意波形信号发生器的后面板

度的要求来调整,外部调制信号的幅度越大,调频频偏或调幅深度就越大。使用外部调制时,调频深度或调幅深度不能再使用键盘进行设置。

(2) RS232:程控作为选件,一般不提供给用户。如用户需要请与经销商或绿扬的当地办事处联系。

(3) 电源插座:仪器电源插口,电压为 AC220 V(1‰±10‰),频率为 50 Hz(1‰±5‰),功耗小于 20 VA。

(4) TTL 输出:输出 TTL 同步信号。

(5) 外部触发输入:外触发输入接口。

2) 用户显示界面说明

YB32020 任意波形信号发生器的用户显示界面说明如图 1 - 14 所示。各标序区域的内容如下:

① CHA:A 路信号显示界面,显示信号波形、频率、幅度、偏移和占空比。

② CHB:B 路信号显示界面,显示信号波形、频率、幅度、偏移和占空比。

③ 菜单:显示操作菜单(已选中菜单字体颜色变化)。菜单内容:

频率/周期,幅度/高电平/低电平,偏移,相位/占空比,波形。

④ 频率显示区:频率显示界面,显示当前信号的设置频率。

⑤ 幅度显示区:幅度显示界面,显示当前信号的设置幅度。

⑥ 偏移显示区:显示当前信号的偏移量。

3) 使用方法举例

例 1,用 A 路输出频率为 10 kHz、幅度有效值为 1 V 的正弦波信号。

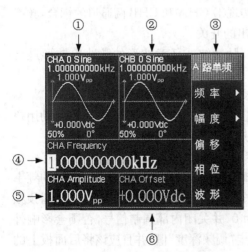

图 1 - 14　YB32020 任意波形信号发生器的用户显示界面

（1）A路单频、B路单频：按屏幕右边菜单操作1键，选择"A路单频"。

（2）A路波形选择：选择Sine（正弦波）。

（3）A路频率设定，设定频率值为10 kHz：按菜单操作2键，选中"频率"，键入数字10，按菜单操作5键，选择"kHz"。A路频率调节：左、右转动旋钮可任意调节频率。

（4）A路幅度设定，设定幅度有效值为1 V：按菜单操作3键，键入数字1，按菜单操作4键，选择单位键"Vrms"。

（5）按CHA键输出信号。

例2，用B路输出频率为1 kHz、高电平为5 V、低电平为0 V、占空比为50%的方波信号。

（1）A路单频、B路单频：按屏幕右边菜单操作1键，选择"B路单频"。

（2）B路波形选择：选择Square（方波）。

（3）B路频率设定，设定频率值为1 kHz：按菜单操作2键，选中"频率"，键入数字1，按菜单操作5键，选择"kHz"。B路频率调节：左、右转动旋钮可任意调节频率。

（4）B路幅度设定，设定幅度峰-峰值为5 V：按菜单操作3键，键入数字1，按菜单操作4键，选择单位键"V_{pp}"。

（5）B路偏移设定，设定直流偏移值为2.5 Vdc：按菜单操作4键，"偏移"，键入数字2.5，按菜单操作4键，选择单位键"Vdc"。

（6）占空比默认为50%，如果不是，可以选择菜单5键的占空比项，进行调节。

（7）按CHB键输出信号。

2. DG1032Z型任意波形发生器

DG1032Z型任意波形发生器最高输出频率达30 MHz；最大采样率为200 MSa/s；包含丰富的调制功能（AM、FM、PM、ASK、FSK、PSK和PWM）；内置8次谐波发生器功能和为7 digits/s，200 MHz带宽的频率计；标配等性能双通道，相当于两个独立任意波形发生器；标准配置接口（USB Host、USB Device、LAN）；多达160种内建任意波形，囊括了工程应用、医疗电子、汽车电子和数学处理等各个领域的常用信号。

1）面板操作区域及功能说明

DG1032Z型任意波形发生器的前面板如图1-15所示。

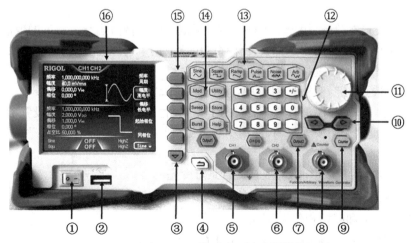

图1-15　DG1032Z型任意波形发生器的前面板

① 电源开关：用于开启或关闭信号发生器。

② USB Host 端口：支持 FAT32 格式 Flash 型 U 盘。可用于读取 U 盘中的波形文件或状态文件，或将当前的仪器状态、编辑的波形数据存储到 U 盘中，也可以将当前屏幕显示的内容以图片格式(＊.bmp)保存到 U 盘。

③ 菜单翻页键：打开当前菜单的下一页或返回第一页。

④ 返回上一级菜单键：退出当前菜单，并返回上一级菜单。

⑤ CH1 输出端口：当按键"Output1"打开时(背景灯变亮)，该端口以 CH1 当前配置输出波形。

⑥ CH2 输出端口：当按键"Output2"打开时(背景灯变亮)，该端口以 CH2 当前配置输出波形。

⑦ 通道控制区：

Output1：用于控制 CH1 的输出。按下该按键，背景灯变亮，打开 CH1 输出。此时，CH1 输出端口以当前配置输出信号。再次按下该键，背景灯熄灭，此时，关闭 CH1 输出。

Output2：用于控制 CH2 的输出。操作与上文 Output1 相同。

CH1CH2：用于切换 CH1 或 CH2 为当前选中通道，以配置相应通道的信号参数。

⑧ Counter 测量信号输入端口：用于接收频率计测量的被测信号。(注：输入阻抗为 1 MΩ。)

⑨ Counter 频率计按键：用于开启或关闭频率计功能。按下该按键，背景灯变亮，左侧指示灯闪烁，频率计功能开启。再次按下该键，背景灯熄灭，此时，关闭频率计功能。(注：当 Counter 频率计按键打开时，CH2 的同步信号将被关闭；关闭 Counter 频率计按键后，CH2 的同步信号恢复。)

⑩ 方向键：

● 使用旋钮设置参数时，用于移动光标以选择需要编辑的位。

● 使用键盘输入参数时，用于删除光标左边的数字。

● 存储或读取文件时，用于展开或收起当前选中目录。

● 文件名编辑时，用于移动光标选择文件名输入区中指定的字符。

⑪ 旋钮：

● 使用旋钮设置参数时，用于增大(顺时针)或减小(逆时针)当前光标处的数值。

● 存储或读取文件时，用于选择文件保存的位置或用于选择需要读取的文件。

● 文件名编辑时，用于选择虚拟键盘中的字符。

● 在"Arb→选择波形→内建波形"中，用于选择所需的内建任意波。

⑫ 数字键盘：包括数字键(0~9)、小数点键(.)和符号键(＋/－)，用于设置参数。(注：编辑文件名时，符号键用于切换大小写；使用小数点键可将用户界面以"＊.bmp"格式快速保存至 U 盘。)

⑬ 波形键(选中某种波形时，对应按键背景灯变亮)：

Sine：提供频率为 1 μHz~30 MHz 的正弦波输出。可以设置正弦波的频率/周期、幅度/高电平、偏移/低电平和起始相位。

Square：提供频率为 1 μHz~25 MHz 并具有可变占空比的方波输出。可以设置方波的频率/周期、幅度/高电平、偏移/低电平、占空比和起始相位。

Ramp：提供频率为 1 μHz～500 kHz 并具有可变对称性的锯齿波输出。可以设置锯齿波的频率/周期、幅度/高电平、偏移/低电平、对称性和起始相位。

* Pulse：提供频率为 1 μHz～15 MHz 并具有可变脉冲宽度和边沿时间的脉冲波输出。可以设置脉冲波的频率/周期、幅度/高电平、偏移/低电平、脉宽/占空比、上升沿、下降沿和起始相位。

* Noise：提供带宽为 30 MHz 的高斯噪声输出。可以设置噪声的幅度/高电平和偏移/低电平。

* Arb：提供频率为 1 μHz～10 MHz 的任意波输出。支持采样率和频率两种输出模式。多达 160 种内建波形，并提供强大的波形编辑功能。可设置任意波的频率/周期、幅度/高电平、偏移/低电平和起始相位。

* ⑭ 功能键（选中某种功能时，对应按键背景灯变亮）：

Mod：可输出多种已调制的波形。提供多种调制方式：AM、FM、PM、ASK、FSK、PSK 和 PWM。支持内部和外部调制源。

Sweep：可产生正弦波、方波、锯齿波和任意波（直流除外）的 Sweep（扫频）波形。支持线性、对数和步进 3 种 Sweep 方式。支持内部、外部和手动 3 种触发源。提供频率标记功能，用于控制同步信号的状态。

Burst：可产生正弦波、方波、锯齿波、脉冲波和任意波（直流除外）的 Burst（脉冲）波形。支持 N 循环、无限和门控 3 种 Burst 模式。噪声也可用于产生门控 Burst。支持内部、外部和手动 3 种触发源。

Utility：用于设置辅助功能参数和系统参数。

Store：可存储或调用仪器状态或者用户编辑的任意波数据。内置一个非易失性存储器（C 盘），并可外接一个 U 盘（D 盘）。

Help：可获得任何前面板按键或菜单软键的帮助信息。按下该键后，"Help"背景灯点亮，然后再按下所需要获得帮助的功能按键或菜单软键，仪器界面显示该键的帮助信息。当仪器界面显示帮助信息时，按下前面板上的返回键，将关闭当前显示的帮助信息并返回到进入内置帮助系统之前的界面。（注：该键可用于锁定和解锁键盘。长按该键，可锁定前面板按键，此时，除"Help"键，前面板其他按键不可用。再次长按该键，可解除锁定。当仪器工作在远程模式时，该键用于返回本地模式。）

⑮ 菜单软键：与其左侧显示的菜单一一对应，按下该软键激活相应的菜单。

⑯ LCD 显示屏：3.5 in TFT 彩色液晶显示屏，显示当前功能的菜单和参数设置、系统状态以及提示消息等内容。

2）用户界面说明（双通道参数模式）

DG1032Z 型任意波形发生器用户显示界面说明如图 1-16 所示。

① 通道输出配置状态栏：显示各通道当前的

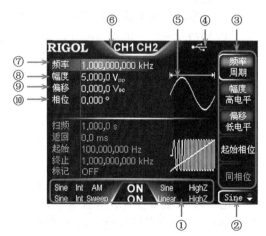

图 1-16　DG1032Z 型任意波形发生器用户显示界面

输出配置,如图 1-17 所示。(注:上行黄色字体为 CH1 通道输出配置状态,下行蓝色字体为 CH2 通道输出配置状态。)

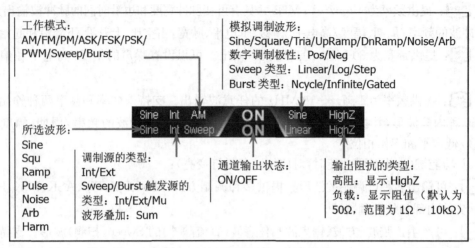

图 1-17 用户界面的通道输出配置状态栏

② 当前功能及翻页提示:显示当前已选中功能的名称。如"Sine"表示当前选中正弦波功能,"Edit"表示当前选中任意波编辑功能。此外,功能名称右侧的上、下箭头用来提示当前是否可执行翻页操作。

③ 菜单:显示当前已选中功能对应的操作菜单(已选中菜单背景光高亮显示)。

④ V 状态栏:

LXI:仪器正确连接至局域网时显示。

↔:仪器工作于远程模式时显示。

⇄:仪器前面板被锁定时显示。

⟷:仪器检测到 U 盘时显示。

PA:仪器与功率放大器正确连接时显示。

⑤ 波形:显示各通道当前选择的波形。

⑥ 通道状态栏:指示当前通道的选中状态和开关状态。选中 CH1 时,状态栏边框显示黄色;选中 CH2 时,状态栏边框显示蓝色;打开 CH1 时,状态栏中"CH1"以黄色高亮显示;打开 CH2 时,状态栏中"CH2"以蓝色高亮显示。(注:可以同时打开两个通道,但不可以同时选中两个通道。)

⑦ 频率:显示各通道当前波形的频率。按相应的"频率/周期"菜单,使"频率"突出高亮显示,通过数字键盘或方向键和旋钮改变该参数。

⑧ 幅度:显示各通道当前波形的幅度。按相应的"幅度/高电平"菜单,使"幅度"突出高亮显示,通过数字键盘或方向键和旋钮改变该参数。

⑨ 偏移:显示各通道当前波形的直流偏移。按相应的"偏移/低电平"菜单,使"偏移"突出高亮显示,通过数字键盘或方向键和旋钮改变该参数。

⑩ 相位:显示各通道当前波形的相位。按相应的"起始相位"菜单,通过数字键盘或方向键和旋钮改变该参数。

3）使用方法（此处仅介绍输出基本波形方法）

DG1032Z 型任意波形发生器可从单通道或同时从双通道输出基本波形（包括正弦波、方波、锯齿波、脉冲和噪声）。开机时，双通道默认配置为频率为 1 kHz，幅度为 5 V_{pp} 的正弦波。用户可以配置仪器输出各类基本波形。

（1）选择输出通道

前面板"CH1|CH2"键用于切换 CH1 或 CH2 为当前选中通道。开机时，仪器默认选中 CH1，用户界面中 CH1 对应的区域高亮显示，且通道状态栏的边框显示为黄色。此时，按下前面板"CH1|CH2"键可选中 CH2，用户界面中 CH2 对应的区域高亮显示，且通道状态栏的边框显示为蓝色。选中所需的输出通道后，可以配置所选通道的波形和参数。（注：CH1 与 CH2 不可同时被选中。可以先选中 CH1，完成波形和参数的配置后，再选中 CH2 进行配置。）

（2）选择基本波形

DG1032Z 型任意波形发生器可输出 5 种基本波形，包括正弦波、方波、锯齿波、脉冲和噪声。前面板提供 5 个波形键用于选择相应的波形。按下相应的按键即可选中所需波形，此时，按键背景灯点亮，用户界面右侧显示相应的功能名称及参数设置菜单。开机时，仪器默认选中正弦波。

（3）设置频率/周期

频率是基本波形最重要的参数之一，默认值为 1 kHz。屏幕显示的频率为默认值或之前设置的频率。

按"频率/周期"软键，使"频率"突出高亮显示。此时，使用数字键盘输入所需频率的数值，然后在弹出的单位菜单中选择所需的单位（可选的频率单位有 MHz、kHz、Hz、mHz 和 μHz）。再次按下此菜单软键，将切换至周期设置，此时"周期"突出高亮显示（可选的周期单位有 sec、msec、μsec 和 nsec）。用户也可以使用方向键和旋钮设置参数的数值：使用方向键移动光标选择需要编辑的位，然后旋转旋钮修改数值。

（4）设置幅度/高电平

幅度的可设置范围受"阻抗"和"频率/周期"设置的限制，默认值为 5 V_{pp}。屏幕显示的幅度为默认值或之前设置的幅度。

按"幅度/高电平"软键，使"幅度"突出高亮显示。此时，使用数字键盘输入所需幅度的数值，然后在弹出的单位菜单中选择所需的单位（可选的幅度单位有 V_{pp}、mV_{pp}、Vrms 和 mVrms）。对于不同的波形，V_{pp} 与 Vrms 之间的关系不同。以正弦波为例，两者之间的换算关系满足关系式：$V_{pp} = 2\sqrt{2}\,Vrms$。再次按下此菜单软键，将切换至高电平设置，此时"高电平"突出高亮显示（可选的高电平单位有 V 和 mV）。用户也可以使用方向键和旋钮设置参数的数值：使用方向键移动光标选择需要编辑的位，然后旋转旋钮修改数值。

（5）设置偏移/低电平

直流偏移电压的可设置范围受"阻抗"和"幅度/高电平"设置的限制，默认值为 0 V_{DC}。屏幕显示的 DC 偏移电压为默认值或之前设置的偏移。

按"偏移/低电平"软键，使"偏移"突出高亮显示。此时，使用数字键盘输入所需偏移的数值，然后在弹出的单位菜单中选择所需的单位（可选的直流偏移电压单位有 V_{DC} 和 mV_{DC}）。再次按下此菜单软键，将切换至低电平设置，此时"低电平"突出高亮显示（可选的低电平单位有 V 和 mV）。低电平应至少比高电平小 1 mV。用户也可以使用方向键和旋钮设置参数的数值：使用方向键移动光标选择需要编辑的位，然后旋转旋钮修改数值。

(6) 设置起始相位

起始相位的可设置范围为 0°~360°。默认值为 0°。屏幕显示的起始相位为默认值或之前设置的相位。

按"起始相位"软键，使其突出高亮显示。此时，使用数字键盘输入所需起始相位的数值，然后在弹出的单位菜单中选择单位"(°)"。用户也可以使用方向键和旋钮设置参数的数值：使用方向键移动光标选择需要编辑的位，然后旋转旋钮修改数值。

(7) 同相位

DG1032Z 型任意波形发生器可提供同相位功能。按下该键后，仪器将重新配置两个通道，使其按照设定的频率和相位输出。对于同频率或频率呈倍数关系的两个信号，通过该操作可以使其相位对齐。

(8) 设置占空比

占空比定义为，方波波形高电平持续的时间所占周期的百分比。该参数仅在选中方波时有效。占空比的可设置范围受"频率/周期"设置的限制，默认值为 50%。

按"占空比"软键，使其突出高亮显示。此时，使用数字键盘输入所需占空比的数值，然后在弹出的单位菜单中选择单位"%"。用户也可以使用方向键和旋钮设置参数的数值：使用方向键移动光标选择需要编辑的位，然后旋转旋钮修改数值。

(9) 设置对称性

对称性定义为，锯齿波波形处于上升期间所占周期的百分比。该参数仅在选中锯齿波时有效。对称性的可设置范围为 0~100%。默认值为 50%。

按"对称性"软键，使其突出高亮显示。此时，使用数字键盘输入所需对称性的数值，然后在弹出的单位菜单中选择单位"%"。用户也可以使用方向键和旋钮设置参数的数值：使用方向键移动光标选择需要编辑的位，然后旋转旋钮修改数值。

*(10) 设置脉宽/占空比

脉宽定义为，从脉冲上升沿幅度的 50% 处到下一个下降沿幅度的 50% 处之间的时间间隔。脉宽的可设置范围受"最小脉冲宽度"和"脉冲周期"的限制，默认值为 500 μs。

脉冲占空比定义为，脉宽占脉冲周期的百分比。脉冲占空比与脉宽相关联，修改其中一个参数将自动修改另一个参数，默认值为 50%。

按"脉宽/占空比"软键，使"脉宽"突出高亮显示。此时，使用数字键盘输入所需脉宽的数值，然后在弹出的单位菜单中选择所需的单位（可选的脉宽单位有 sec、msec、μsec 和 nsec）。再次按下此菜单软键，可切换至脉冲占空比的设置。用户也可以使用方向键和旋钮设置参数的数值：使用方向键移动光标选择需要编辑的位，然后旋转旋钮修改数值。

(11) 设置上升沿/下降沿

上升边沿时间定义为，脉冲幅度从 10% 上升至 90% 所持续的时间；下降边沿时间定义为，脉冲幅度从 90% 下降至 10% 所持续的时间。上升/下降边沿时间的可设置范围受当前指定的脉宽的限制。当所设置的数值超出限定值，DG1032Z 型任意波形发生器自动调整边沿时间以适应指定的脉宽。

按"上升沿"（或"下降沿"）软键，使"上升沿"（或"下降沿"）突出高亮显示，使用数字键盘输入所需数值，然后在弹出的单位菜单中选择所需的单位（可选的脉宽单位有 sec、msec、μsec 和 nsec）。上升边沿时间和下降边沿时间相互独立，允许用户单独设置。用户也可以使用方向键和旋钮设置参数的数值：使用方向键移动光标选择需要编辑的位，然后旋转旋钮修改数值。

（12）启动输出通道

完成已选波形的参数设置之后,用户需要开启通道以输出波形。开启通道之前,用户还可以使用"Utility"功能键下的"通道设置"菜单设置与该通道输出相关的参数,如阻抗、极性等。按下前面板"Output1"按键,按键黄色背景灯变亮,仪器从前面板相应的 CH1 输出端口输出已配置的 CH1 波形。（同理,按下前面板"Output2"按键,按键蓝色背景灯变亮,仪器从前面板相应的 CH2 输出端口输出已配置的 CH2 波形。）

1.2.7 多功能电路装置

多功能实验装置是进行强电实验的操作平台。图 1 - 18 为多功能实验装置面板。该面板包含了实际生产、生活中常用的一些电气设备,包括三相空气开关、电源指示灯、低压熔断器、日光灯、启辉器、电容器、荧光灯镇流器、测电流插孔、交流调压器、按钮开关、交流接触器、时间继电器、白炽灯、PLC 控制器、输出继电器、Y/△模拟电动机和多功能电量计等。

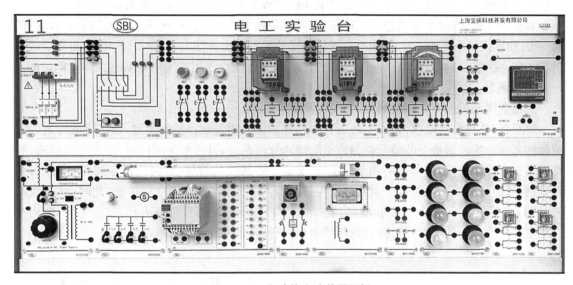

图 1 - 18　多功能实验装置面板

实验面板上,黑色实线所连接处表示内部已有导线连接,无须用户在外部再自行连接。为了便于观察,各个部分所代表的功能基本已标注于面板上。

此处主要介绍与电路实验相关的部分电气设备。

1. 三相电源、三相空气开关及电源指示灯

实验面板的输电线路采用三相四线制,包括 L1、L2、L3 和 N,如图 1 - 19 所示。

其中,L1、L2、L3 表示三相电源的三根相线（也称为火线）,N 为中性线,亦即零线。PE 线为实验装置外壳接地线（也称为

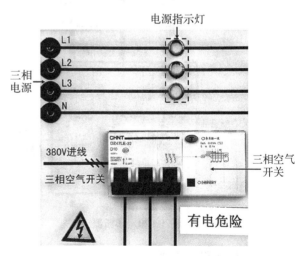

图 1 - 19　三相电源、三相空气开关及电源指示灯

保护地线)。在 380 V 低压配电网中,两根相线之间的电压为 380 V,相线与中性线之间的电压为 220 V。进入用户的单相输电线路中包含一根相线和一根零线。使用时需要特别注意的是,进入用户侧后,PE 线不能当作零线使用,实验中不允许将 PE 线连接至电路中,否则将引起总电闸跳闸。

电源线的下方是三相空气开关。空气开关是低压配电网络和电力拖动系统中非常重要的电器,它除了能完成接触和分断电路外,还能对电路或电气设备发生的短路、严重过载及欠电压等进行保护。实现保护的主要工作原理是利用电路过载时产生的热量,使内部热元件控制的空气开关启动,从而切断电源。

当需要给电路通电时,需先闭合三相空气开关,通常三相空气开关较紧,建议用右手食指和中指的第一指节抵在开关白色外壳的顶面上,用拇指向上推动黑色的开关部位。正常情况下,三相空气开关推上去后,上面的三个红色电源指示灯应点亮,如图 1-19 所示。若指示灯不亮,或仅有一至两个灯亮,可用万用表的交流电压挡检查实验面板上的电源供电是否正常。

实验中应根据要求将电源连接至电路,如需要单相电源,应选择一根相线(从 L1、L2、L3 中任选一根)和零线接出。接线时,导线应自三相空气开关右上方标注有 L1、L2、L3 和 N 的接线端引出。注意:必须在确保实验电路连接正确的前提下,才能闭合三相空气开关,以免发生危险。

2. 熔断器

三相空气开关的下方是熔断器,如图 1-20 所示。

熔断器(亦称作保险丝)是对电路进行短路保护或严重过载保护的装置,是应用最普遍的保护器件之一。实验面板上的熔断器为常见的插入式熔断器,其外形为圆柱形,采用陶瓷材质,底座固定于实验面板上,内部装有由易熔合金或良导体制成的熔体,其两侧带金属盖、内嵌石英砂,盖板外侧标有熔断电流。一旦电路发生短路或严重过载时,熔体立即熔断,此时,对应线路的"LED 指示灯"点亮提示。实验前,应先检查 LED 指示灯是否处于灯灭状态,若亮灯,应当在三相空气开关关闭的情况下打开白色塑料盖板,更换新的熔断器。

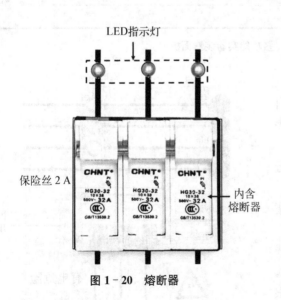

图 1-20　熔断器

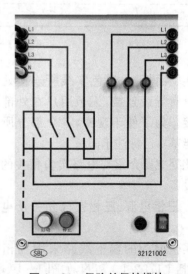

图 1-21　保险丝保护模块

3. 保险丝保护模块

保险丝保护模块如图 1-21 所示,实验时从模块的右侧 L1、L2、L3 三相电源的三根相线中选择一根作为火线,N 为中性线,即零线。开关在模块右下角,模块左下角有一绿一红两个按键,按下红色按键,无电源信号输出,按下绿色按键,电源信号输出。

4. 日光灯、启辉器和镇流器

日光灯、启辉器和镇流器位于实验面板的中间下方,如图 1-22 所示。

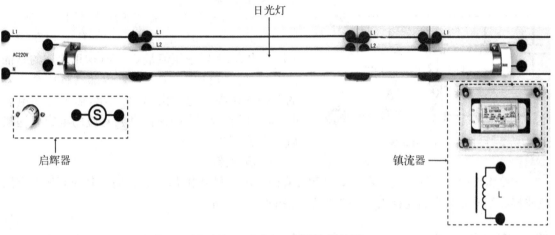

图 1-22 日光灯、启辉器、镇流器

1) 日光灯:由日光灯管和底座组成。日光灯底座的左右两侧各有两个接线端,分别连接于日光灯内部的灯丝,如图 1-23 所示。使用时,日光灯底座的左右两侧各取一个接线端连入日光灯电路中,剩余两个接线端与启辉器相连。

2) 启辉器:由一个充氖气的玻璃泡、一个由不同热膨胀系数构成的 U 型双金属动触片和一个静触片组成。组成日光灯电路时,启辉器应并联在灯管两端。

3) 镇流器:是一个带铁芯的线圈,由在硅钢制作的铁芯上缠绕漆包线制成。日光灯电路中镇流器应与灯管串联。

日光灯电路的工作原理:

日光灯电路中,镇流器与日光灯管串联,启辉器并联在灯管两端,如图 1-23 所示。接通电源后,加在启辉器两极间的电压,使氖气放电而发出辉光,辉光产生的热量使 U 型动触片膨胀伸长,跟静触片接通,于是镇流器线圈和灯管中的灯丝就有电流通过。电路接通后,因灯管电压较低,启辉器中的氖气停止放电,U 型片冷却收缩,两个触片分离,电路自动断开,如图 1-24 所示。在电路断开的瞬间,由于镇流器电流急剧减小,会产生很高的自感电动势,该电压与电

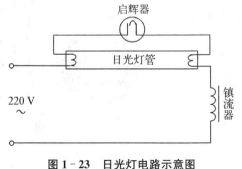

图 1-23 日光灯电路示意图

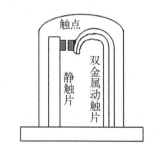

图 1-24 启辉器电路示意图

源电压加在一起,形成一个瞬时高压,加在灯管两端,使灯管中的气体开始放电,于是日光灯成为电流的通路开始发光。日光灯开始发光时,由于交变电流通过镇流器的线圈,线圈中就会产生自感电动势,它总是阻碍电流的变化,因此这时镇流器在电路中起到了降压限流的作用,从而保证日光灯正常工作。灯管正常发光时,启辉器保持开路状态。

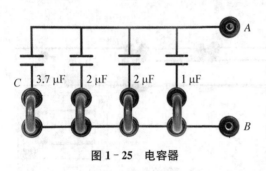

图 1 - 25　电容器

5. 电容器

电容器位于实验面板左下方,如图 1 - 25 所示。包括一个 1 μF 电容、两个 2 μF 电容和一个 3.7 μF 电容,额定耐压值是 630 V(这里使用的是油浸电容,耐压较高)。实验装置内部已将四个电容的一端连接在一起后由 A 点引出,需要使用电容时,只需用实验配套的短路环在对应的电容处连接后由 B 点引出即可。

6. 测电流插孔

实验面板中日光灯右侧和白炽灯左侧各有四组用于测量电路电流的插孔,其中面板上有黑色连接线相连的两个插孔相当于一个结点,如图 1 - 26 所示。

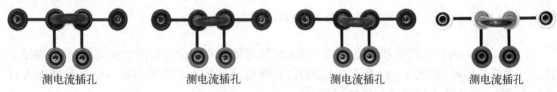

测电流插孔　　　测电流插孔　　　测电流插孔　　　测电流插孔

图 1 - 26　测电流插孔

使用时,应通过左右外侧两个插孔将电流表串联到被测支路中,中间上端两个插孔在不测电流时插入 U 形短路环,此时线路经过 U 形短路环导通。当需要测量此支路电流时,先将电流表的红色和黑色测试线插头分别插入中间下端的两个红色插孔,然后拔下上方对应的 U 形短路环,使支路电流经过电流表的电流线圈测出该支路的电流。测量完成后,注意应先将 U 形短路环插上,再移去电流表,以免造成电路的开路。

7. 交流调压器

交流调压器位于实验面板的左下方,如图 1 - 27 所示。

交流调压器能够提供 0~250 V 和 0~50 V 两挡交流电压。为了防止开电闸瞬间启动电压过高损坏调压器,使用前,应先将黑色调压器旋钮逆时针左旋到底。然后将交流调压器模块左侧的 L1 和 N 插孔分别连接至实验面板左上方对应的电源进线处。

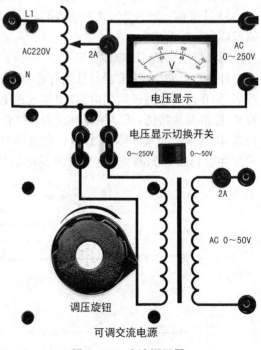

图 1 - 27　交流调压器

根据电路中所需交流电压的大小,可选择不同挡位的交流输出端口。如果所需交流电压超过 50 V,应将图中开关切换至左侧"0~250 V",且选择指针式交流电压显示器右侧的"AC 0~250 V"两个接线端作为交流调压器模块的输出。电路检查连接无误后,方可闭合实验面板上的三相空气开关,然后逐渐右旋(顺时针方向)调压器旋钮,同时观察上方的指针式交流电压显示器,直至调节至所需电压。如果所需交流电压小于 50 V,则应将图中开关切换至左侧"0~50 V",并用实验配套的短路环垂直连接调压旋钮上方的变压器原边线路,然后选择变压器上的"AC 0~50 V"两个接线端作为交流调压器模块的输出。电路检查连接无误后,方可闭合实验面板上的三相空气开关,然后逐渐右旋(顺时针方向)调压器旋钮,同时观察上方的指针式交流电压显示器,直至调节至所需电压。

注意: 交流调压器模块面板上所标识的两处"2 A"位置内含玻璃保险丝,对电路起到短路保护或严重过载保护作用,当输出端电压为零时,请闭合三相空气开关,并检查保险丝是否完好。

8. 多功能电量表

实验面板的右上方是一款多功能电量表,它能同时测量并显示某支路的电压、电流、有功功率、无功功率、视在功率、功率因数、工频及相位差等,仪表外形如图 1-28 所示。

多功能电量表第一排的四位显示窗口可根据▼/▲按键的设定,分别显示被测电量的视在功率、有功功率、功率因数、无功功率、频率和电度值。第二排和第三排显示窗口分别显示电压和电流的测量值。仪表下方有一对交流电压测量端子和一对交流电流测量端子,其中带"＊"端为同名端。同时按"SET"键和"ENT"键可以进入参数报警设置状态。

仪表通电使用前,必须检查端子的接线是否准确,确认无误才能通电。右下方"SW"开关打开后,仪表上显示各测量数值。测量状态下,仪表第一排窗口显示▼/▲按键选择的参数值,同时相应

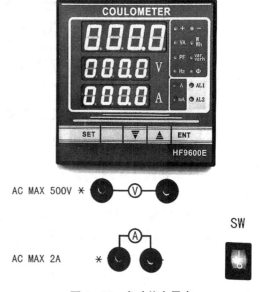

图 1-28　多功能电量表

参数指示灯亮。每个电量参数单位前均有一 LED 指示灯,指示灯亮时表示显示窗口正在显示该电量参数的电量值。VA 亮:显示视在功率值。W/Wh 亮:显示有功功率值(注:此时需同时"＋"的 LED 指示灯亮,否则将出现"EP"错误代码)。PF 亮:显示电路的功率因数值。var/varh 亮:显示无功功率值(注:此时需同时"＋"的 LED 指示灯亮,否则将出现"E9"错误代码)。Hz 亮:显示电路交流电压或交流电流的频率。Φ 亮:显示交流电压超前交流电流的相位角度。

1.2.8　多功能数字电路实验箱

多功能数字电路实验箱如图 1-29 所示,其各个部分的功能如下:

1) 左上角为电源开关,打开开关,＋5 V 和－5 V 电源 LED 指示灯亮。电源指示灯的右侧是短路指示灯。

2) ＋5 V 电源插孔,有两处:一处在左侧上部,一处在两排芯片插座的中间靠左,均输出＋5 V 电源。

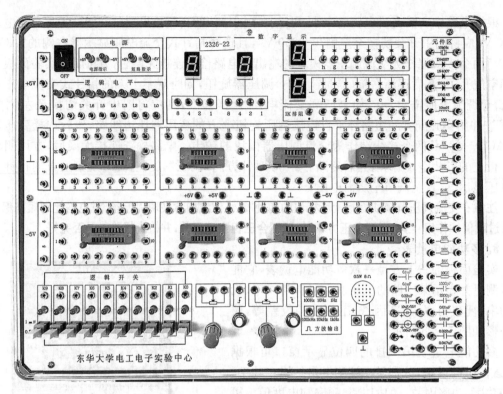

图 1-29　多功能数字电路实验箱

3）—5 V 电源插孔,也有两处:一处在左侧中下部,一处在两排芯片插座的中间靠右,均输出—5 V 电源。

4）接地端插孔,同样有两处。所有有接地标志的地方,内部都已连接在一起。

一旦+5 V 电源或—5 V 电源短路,相应的短路指示灯亮,蜂鸣器鸣响,请立即关闭电源,查找短路故障点。排除短路故障后,才能重新开始实验。

5）电源开关的下方是逻辑电平 LED 指示灯,L0～L9 共 10 位。用于检测数字电路某一处的逻辑电平。当被测点为高电平时,逻辑指示灯亮。

6）实验箱左下方是逻辑开关及逻辑开关指示灯,K0～K9 共 10 位。用作数字电路的输入。当按下逻辑开关时,输出高电平,此时逻辑开关指示灯亮;弹出时,输出低电平,指示灯不亮。上述逻辑开关与逻辑电平和实验电路只需单线连接,不需要考虑回路。

7）8421 数码管及其插孔。位于实验箱中部上方。内部已经连接显示译码器,只要输入8421 码就可以显示十六进制码"0～F",无输入时显示"0"。

8）显示译码器共阴极数码管及其各段所对应的插孔。使用时要使共阴极公共端接地,否则数码管不亮。内部已经在每个 LED 电路串接了一个 1 kΩ 限流电阻。

9）电位器及其电位器旋钮,共 2 个。注意:1. 电位器阻值,2. 滑动端位置。

10）上升沿单脉冲按钮(左),按下时产生一个上升沿,弹出时产生一个下降沿。

11）下降沿单脉冲按钮(右),按下时产生一个下降沿,弹出时产生一个上升沿。

12）连续方波输出插孔,可以输出 100 kHz、10 kHz、1 kHz、100 Hz、10 Hz 和 1 Hz 方波。

13）蜂鸣器及其插孔,正确接入一定频率的调制波可以产生蜂鸣声。

14）元件区,主要有各种阻值的电阻、电容、二极管等,供实验者使用。

15) 中部为芯片插座,共 8 个。20 脚 2 个,16 脚 2 个,14 脚 4 个,全部采用集成电路芯片直插转接底座,插座的周边是标有号码的插孔。将芯片放入插座时,要注意芯片的方向,半圆形缺口一律向左。芯片引脚的个数与该插座周边的插孔数相等,此时芯片的引脚号码与插孔号码是一一对应的。将插座上的小扳手向上松开,放入芯片后,检查每个引脚是否均已放入插座,再将小扳手向下压紧,芯片安装就绪。

注意:所有芯片的电源和接地必须由实验者自己连接。

1.2.9　仪器使用练习实验

1. 练习 1

调节稳压源 CH1 输出电压为 6 V,保护电流为 0.5 A,用万用表测试实际输出的直流电压值。

2. 练习 2

用任意波形发生器输出有效值为 1 V,频率为 10 kHz 的正弦交流信号,用示波器稳定显示波形,观察并测试信号的有效值。

3. 练习 3

用任意波形发生器输出高电平为 5 V,低电平为 0 V,频率为 200 Hz 的方波信号,用示波器稳定显示波形,并观察。

4. 练习 4

在九孔板上搭建如图 1-30 所示的 RC 电路,电阻阻值为 1 kΩ、电容值为 0.01 μF,u_i 为用任意波形发生器产生的频率 $f = 10$ kHz、幅度有效值为 1 Vrms 的正弦波,请用示波器测量 u_i 和 u_o 的相位差,并定量画出 u_i 和 u_o 的波形。

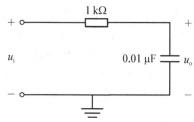

图 1-30　仪器使用练习 4 的电路图

5. 实验报告要求

1. 列出本实验所用到的 4 个主要仪器名称,用 1~2 句话总结每个仪器的功能(不需要画图)。

2. 画练习 4 的电路图,在同一坐标轴上画出 u_o 与 u_i 波形,并在图上标示出 u_o、u_i,列出 u_o、u_i 的幅值大小(即在示波器上读 CH1 和 CH2 的顶端值)、周期和相位差。

3. 实验心得体会。

第2章 电工技术实验

2.1 实验一 电路元件伏安特性的测量

2.1.1 实验目的
1. 学习电阻元件和有源元件的伏安特性及其测量方法。
2. 熟悉数字万用表、直流电流表和直流稳压电源的使用。
3. 熟悉伏安特性曲线的绘制。

2.1.2 实验原理
如果对于任一瞬间 t,一个无源二端元件两端的电压瞬时值 $u(t)$ 和流经它的电流瞬时值 $i(t)$ 之间的关系可以用 u-i 直角坐标平面内的一条曲线来表示,那么这个元件就属于电阻元件。这里电阻的概念比通常的电阻的范围要广一些。因为按照这个定义,普通电阻、一段(电阻不可忽略的)导线、白炽灯、电热元件和半导体二极管等,都属于电阻元件。元件两端的电压瞬时值 u 和流经它的电流瞬时值 i 之间的函数关系常被称为元件的伏安特性。它可以通过实验的方法测得,绘制在直角坐标纸上,以伏安特性曲线的形式来表示元件的电气特性。

1. 电阻元件的伏安特性

根据伏安特性的不同,电阻元件分两大类:线性电阻和非线性电阻。

线性电阻元件的伏安特性服从欧姆定律,它的伏安特性曲线是一条通过 u-i 坐标原点的直线,如图 2-1(a)所示,该直线的斜率只由电阻元件的电阻值决定,其阻值 R 为常数,与元件两端的电压 u 和通过该元件的电流 i 无关,故线性电阻是双向同性元件,有时也称为无极性元件。

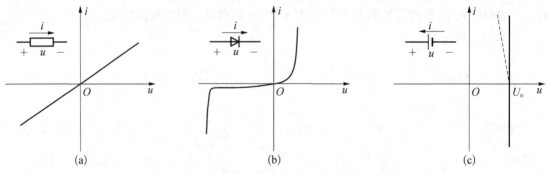

图 2-1 线性电阻、二极管、恒定电压源的伏安特性

非线性电阻元件的伏安特性不服从欧姆定律,它的伏安特性是一条经过坐标原点的曲线,其阻值 R 不是常数,即在不同的电压作用下,电阻值是不同的,如半导体二极管就是一种典型的非线性电阻元件,它的伏安特性曲线如图 2-1(b)所示(其中,$u > 0$ 的部分为正向特性,$u < 0$ 的部分为反向特性),对于坐标原点来说是非对称的,是双向异性元件,有时也称为有极性元件。

2. 有源元件的伏安特性

理想电压源的端电压与流过其中的电流大小无关,如端电压的大小、方向不随时间变化,则该电压源为直流电压源,又称恒压源。电压为 $U_{\circ}$ 的恒压源其伏安特性如图 2-1(c)中实线所示,是一条平行于纵轴的直线。实际电压源可等效为理想电压源和一个电阻的串联,此时的伏安特性如图 2-1(c)中的虚线所示,其斜率为不等于零的有限值。

理想电流源中流过的电流与其两端的电压大小无关,如电流的大小、方向不随时间变化,则该电流源为直流电流源,又称恒流源,其伏安特性是一条平行于横轴(电压轴)的直线。实际电流源可等效为理想电流源和一个电阻的并联。

$u-i$ 直角坐标系的电压电流坐标轴也可以交换。描述电源元件的端电压与输出电流间关系的伏安特性又叫作外特性,常常用横轴表示电流,纵轴表示电压。

绘制伏安特性曲线通常采用逐点测试法,即在不同的端电压作用下,测量出相应的电流,然后逐点绘制出伏安特性曲线,根据伏安特性曲线便可计算其电阻值。

2.1.3　实验内容及步骤

1. 测定线性电阻的伏安特性

1) 正向特性

按如图 2-2(a)所示的电路接线,待测电阻为 R_L,为区别正反向,规定其一端为 a,另一端为 b,并且规定电压、电流的参考方向均为从 a 指向 b。通电后,调节电位器 R_W,使电压从零逐渐增大,观察电流表的读数,使电流 I 分别为 $0\,mA$、$2\,mA$、$4\,mA$、$6\,mA$、$8\,mA$ 和 $10\,mA$,记录相应的电压数值,填入表 2-1 中。

2) 反向特性

按如图 2-2(b)所示的电路接线,即在图 2-2(a)的基础上,将待测电阻和电压表反向接入,电流表则仍维持原方向,但是读数记负值,因为此时电流参考方向与电流表极性相反。调节电位器 R_W,观察电流表的读数,使电流 I 分别为 $-2\,mA$、$-4\,mA$、$-6\,mA$、$-8\,mA$ 和 $-10\,mA$,记录相应的电压数值,填入表 2-1 中。

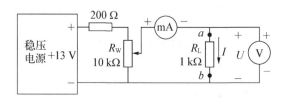

图 2-2　(a) 电阻正向特性的测量电路

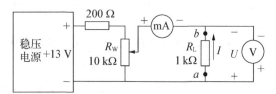

图 2-2　(b) 电阻反向特性的测量电路

表 2-1　电阻伏安特性的测量记录表

I/mA	-10	-8	-6	-4	-2	0	2	4	6	8	10
U/V											

2. 测定非线性电阻(稳压二极管)的伏安特性

1) 正向特性

按如图 2-3(a)所示的电路接线,调节电位器 R_W,使电压 U 分别为表 2-2 中所示数值,记录相应的电流数值和稳压二极管两端电压 U_D,填入表 2-2 中。

2) 反向特性

按如图 2-3(b)所示的电路接线,调节电位器 R_W,使电压 U 分别为表 2-3 中所示数值,记录相应的电流数值和稳压二极管两端电压 U_D,填入表 2-3 中。

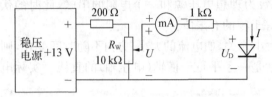 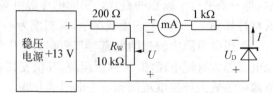

图 2-3 (a) 稳压二极管正向特性的测量电路　　　图 2-3 (b) 稳压二极管反向特性的测量电路

表 2-2 非线性电阻伏安特性的测量记录表(正向)

U/V	0.5	0.75	1.0	1.25	1.5	1.75	3.0	5.0	8.0
I/mA									
U_D/V									

表 2-3 非线性电阻伏安特性的测量记录表(反向)

U/V	−10	−8.0	−7.0	−6.5	−6.0	−5.0	0
I/mA							
U_D/V							

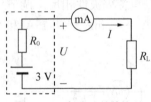

图 2-4 电池元件伏安特性的测量电路

＊3. 测定电池元件的伏安特性

按如图 2-4 所示的电路接线,其中实际电压源由两节 1.5 V 电池串联构成,R_0 是等效内阻,如虚框中所示。改变负载电阻 R_L,读取电流表和电压表读数,填入表 2-4 中。

2.1.4　实验设备与器材

可调直流稳压电源,数字万用表,直流电流表,电工电子基本模块系统(九孔板),稳压二极管,10 kΩ 电位器,电池。

表 2-4 电池元件伏安特性的测量记录表

R_L/Ω	∞	75	100	200	300	400	510	1 000
I/mA								
U/V								

2.1.5　预习内容

1. 复习电路参考方向、元件伏安特性等基本概念。
2. 了解数字万用表和直流电流表的用法。

2.1.6　实验思考题

1. 线性电阻与非线性电阻的伏安特性有何区别? 它们的电阻值与通过的电流有无关系?
2. 请举例说明哪些元件是线性电阻,哪些元件是非线性电阻,它们的伏安特性曲线是什么形状?

3. 实验内容 1 中,为什么把电阻 R 两端反接即测得电阻在第Ⅲ象限的特性曲线?

4. 如何计算线性电阻与非线性电阻的电阻值?

2.1.7　实验报告要求

1. 填写 3 种元件伏安特性的测量记录表,并在坐标纸上画出元件的伏安特性曲线。

2. 根据伏安特性曲线,计算线性电阻的电阻值,并与实际电阻值比较。

3. 回答思考题。

2.1.8　注意事项

1. 测量电流时,应将电流表串联在被测支路中;测量电压时,应将电压表并联在被测元件两端。

2. 不可使直流稳压电源的输出端直接短路!

2.2　实验二　叠加原理

2.2.1　实验目的

1. 用实验的方法验证线性电路适用叠加原理。

2. 用实验结果验证基尔霍夫定律。

3. 通过实验加深对电路参考方向的理解和掌握。

2.2.2　实验原理

叠加原理是分析和计算线性电路常用的网络定理,它反映了线性电路中电流或电压的齐次性和叠加性这一基本特性。

叠加原理指出:在有多个独立电源共同作用的线性电路中,通过任意一条支路(或元件)的电流或其两端的电压等于各独立电源分别单独作用时在该支路(或元件)中所产生的电流或电压的代数和。

应用叠加原理时应注意:

1. 计算或测量某一个(或某一组)独立电源单独作用时任一支路的电流或电压,应将其余不作用的电源去除,但应保留其内阻。即:理想电压源短路,理想电流源开路。

2. 电路的参考方向是任意设定的。若某电路元件的电压、电流的实际方向与参考方向相同,取正值,反之,取负值。习惯上,我们将无源元件的电压和电流的参考方向取为一致,称为关联参考方向;对于独立电源,则将其电压和电流的参考方向取为相反。

例如,在图 2 - 5 中:

$$I_1 = I_1' - I_1'' \quad I_2 = -I_2' + I_2'' \quad I_3 = I_3' + I_3'' \quad U = U' + U''$$

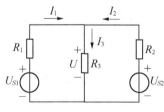

(a) U_{S1}、U_{S2}共同作用电路

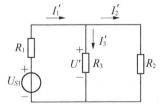

(b) U_{S1}单独作用电路　　　　　(b) U_{S2}单独作用电路

图 2 - 5　叠加原理

叠加原理反映了线性电路的叠加性,线性电路的齐次性是指当激励信号(如电源作用)增加或减小 K 倍时,电路的响应(即在电路其他各电阻元件上所产生的电流和电压值)也将增加或减小 K 倍。叠加性和齐次性都只适用于求解线性电路中的电流和电压。对于非线性电路,叠加性和齐次性都不适用。

2.2.3 实验内容及步骤

1. 按如图 2-6 所示的电路接线,图中细弧线处为电流测量点,用短路片(或短导线)连接。测该支路电流时,接入电流表,拔出短路片;测量完毕移去电流表,短路片恢复原位。

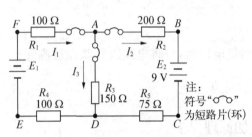

图 2-6 叠加原理实验参考电路图

2. 令电源 E_1=6 V 单独作用:用数字万用表测量并精调(下同),将 E_1 调到 6 V,E_2 不作用,测量各支路电流和指定结点间的电压,并记录在表 2-5 中。

3. 令电源 E_1=12 V 单独作用,E_2 不作用,测量各支路电流和电压,并记录在表 2-5 中。

4. 令电源 E_2=9 V 单独作用,E_1 不作用,测量各支路电流和电压,并记录在表 2-5 中。

5. 令电源 E_1=12 V、E_2=9 V 同时作用,测量各支路电流和电压,并记录在表 2-5 中。

表 2-5 不同情况下各支路电流和电压测量记录表

测量项目	E_1/V	E_2/V	I_1/mA	I_2/mA	I_3/mA	U_{AB}/V	U_{CD}/V	U_{AD}/V	U_{DE}/V	U_{AF}/V
E_1=6 V 单独作用										
E_1=12 V 单独作用										
E_2=9 V 单独作用										
E_1=12 V、E_2=9 V 同时作用										

注意:E_1 单独作用,E_2 不作用,是指先去除电源 E_2 的连线,将实验参考电路中原接 E_2 的两个端点 B、C 短接。当下一步实验需要 E_2 电源时,注意先要将短路片(或短路导线)去除,再接入电源,以防止电源被短路!

电流表和电压表表棒接法与读数的正负:

1)数字式电流表:测电流使用直流电流表。电流表的红色/黑色表棒分别接图中电流参考方向箭头的始端和末端,则电流表与参考方向同向。此时电流读数的正/负与实际值一致。

2)测电压使用数字万用表的直流电压挡。直流电压一般用双下标表示。红色表棒接双下标第一个字母代表的结点,黑色表棒接双下标第二个字母代表的结点,则电压表与参考方向同向,读数的正/负与实际值一致。

6. 叠加原理和基尔霍夫定律的验证。

验证齐次性。比较表 2-5 第二行和第三行各数据,其他各列参数是否满足齐次性。

验证叠加性。E_1、E_2 同时作用:表 2-6 中的"实验叠加结果"是指表 2-5 中 E_1=12 V、E_2=9 V 时分别单独作用的叠加(即第三行、第四行各参数数值之代数和),"理论计算值"是按图 2-6 中的各参数进行理论计算的结果。

表 2-6　各支路电流和电压的实验叠加结果及其理论计算表

计算项目	I_1/mA	I_2/mA	I_3/mA	U_{AB}/V	U_{CD}/V	U_{AD}/V	U_{DE}/V	U_{AF}/V
实验叠加结果								
理论计算值								

验证基尔霍夫定律。实验测量结果是否符合基尔霍夫电流定律和基尔霍夫电压定律？怎样验证？写出你的验证公式及验证过程。如果有误差，分析可能的原因。

＊7. 在图 2-6 的基础上于 R_3 支路中增加二极管 D_1(1N4007)，如图 2-7 所示，重做上面的步骤 2～6，并将测量结果填入表 2-7 中。

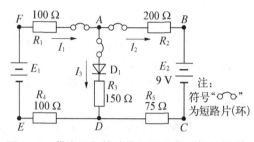

图 2-7　带有二极管的叠加原理实验参考电路图

表 2-7　带有二极管的各支路电流和电压测量记录表

测量项目	E_1/V	E_2/V	I_1/mA	I_2/mA	I_3/mA	U_{AB}/V	U_{CD}/V	U_{AD}/V	U_{DE}/V	U_{AF}/V
E_1=6 V 单独作用										
E_1=12 V 单独作用										
E_2=9 V 单独作用										
E_1=12 V、E_2=9 V同时作用										

2.2.4　实验设备与器材

可调直流稳压电源，数字万用表，直流电流表，电工电子基本模块系统（九孔板）。

2.2.5　预习内容

1. 复习叠加原理、基尔霍夫电压定律和基尔霍夫电流定律的基本概念及表达形式。

2. 了解操作步骤，大致估算被测电压和电流的数值范围。

3. 可进行仿真实验。例如：如图 2-8 所示，在 Multisim 工作区放置 5 个电阻，1 个直流电

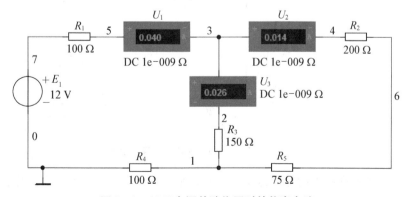

图 2-8　12 V 电源单独作用时的仿真电路

源,E_2暂时不放,修改电阻参数(点击电阻图标→点击右键,弹出菜单→选 Properties,修改电阻值),3 个短路片处放置 3 个电流表(在 Indicator 元件库内),连线完毕,按下仿真开关,记录结果。(思考:怎样测电压?)

2.2.6　实验思考题

1. 叠加原理中 E_1、E_2 分别单独作用,在实验中应如何操作? 可否将要去掉的电源(E_1 或 E_2)直接短接?

2. 图 2-6 电路中各元件的功率能否叠加? 为什么?

3. 对实验数据可能存在的误差进行分析。最有可能的原因是什么?

2.2.7　实验报告要求

1. 根据实验数据,验证电路图 2-6 是否满足齐次性、叠加性与基尔霍夫电压定律和基尔霍夫电流定律。

＊2. 根据实验数据,验证电路图 2-7 是否满足齐次性、叠加性与基尔霍夫电压定律和基尔霍夫电流定律。

2.3　实验三　等效电源定理

2.3.1　实验目的

1. 用实验方法验证等效电源定理(戴维宁定理/＊诺顿定理)。

2. 用实验方法确定等效电源定理中的等效电动势 E_0 和等效电阻 R_0。

3. 学习可调直流稳压电源和数字式万用表直流电压挡的使用。

2.3.2　实验原理

1. 戴维宁定理

任何一个有源二端网络,如图 2-9(a)所示,总可以用一个电压源 E_0 和一个电阻 R_0 串联组成的实际电压源来代替,如图 2-9(b)所示,其中:电压源 E_0 等于这个有源二端网络的开路电压 U_{OC},内阻 R_0 等于该网络中所有独立电源均置零(理想电压源短路,理想电流源开路)后所得到的无源二端网络 A、B 两端口之间的等效电阻。

2. 诺顿定理

任何一个有源二端网络,如图 2-9(a)所示,总可以用一个电流源 I_S 和一个电阻 R_0 并联组成的实际电流源来代替,如图 2-9(c)所示,其中:电流源 I_S 等于这个有源二端网络的短路电流

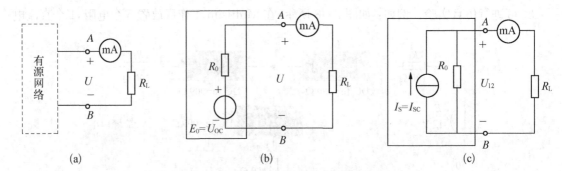

图 2-9　有源二端网络电源的等效变换

注意:上述两个定理所说的等效是指对外电路而言的。如图 2-9 所示,即图(a)、图(b)和图(c)实线框外部分的伏安特性是相同的。

I_{SC}，内阻 R_0 等于该网络中所有独立电源均置零(理想电压源短路，理想电流源开路)后所得到的无源二端网络 A、B 两端口之间的等效电阻。

E_0、R_0 和 I_S、R_0 称为有源二端网络的等效参数。

3. 有源二端网络的等效参数 E_0 和 R_0 的测量方法

1) 开路电压、短路电流法

在有源二端网络输出端开路时，用高内阻电压表直接测出其输出端的开路电压 U_{OC}，则 $E_0 = U_{OC}$；

将有源二端网络输出端短路，用低内阻电流表测其短路电流 I_{SC}，则等效内阻 $R_0 = U_{OC}/I_{SC}$。

若有源二端网络的内阻值很低，则不宜测其短路电流。

2) 伏安法

用电压表和电流表测出有源二端网络的外特性上的两个点。方法：选取两个阻值不同的电阻作为负载 R_L，分别测出负载电流 I_1、I_2 和负载两端的电压 U_1、U_2，则等效内阻

$$R_0 = (U_2 - U_1)/(I_2 - I_1) = \Delta U/\Delta I = U_{OC}/I_{SC} \qquad (2-1)$$

若电压的单位取"V"，电流的单位取"A"，取合适的比例尺，并取电流为横坐标，外特性曲线的斜率 $\text{tg}\varphi$ 在数值上等于 R_0 的阻值(Ω)。

以上方法需要既测电压又测电流。若手头有一个已知阻值的电阻 R，那么用下面的方法只要测电压就可算出 R_0。

3) 开路电压、已知电阻法

先测出有源二端网络的开路电压 U_{OC}，然后将已知电阻 R 作为负载，测出电阻两端的电压 U，则

$$R_0 = \left(\frac{U_{OC}}{U} - 1\right)R \qquad (2-2)$$

＊4) 半功率法

如图 2-10 所示，将可变电阻器中点与任一端点接入负载回路，取代 R_L，调节可变电阻器使负载电压两端 $U_{RL} = U_{OC}/2$，此时电阻器的实际阻值为 R_0(电阻器的实际阻值用万用表电阻挡测量)。

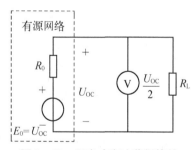

图 2-10　用半功率法获得等效内阻的电阻值

2.3.3　实验内容及步骤

1. 恒流源 I_S 的预先制备：利用电子元器件构成的电路在较小电流范围内实现恒流源的特性。

按如图 2-11 所示的电路连接，接上工作电源 +15 V，输出端暂接电流表。调节电流调节旋钮，使电流达到设定值，保持调节旋钮不变，去除电流表，将输出 C、D 按极性正确接入如图 2-12 所示的电路，电流源的工作电源 +15 V 不能去掉，也不能与电路中的任何结点相连。

2. 电路在九孔板上的排列如图 2-12 所示，接入 $E_S = 12$ V、$I_S = 5$ mA，这里将使用若干不同阻值的固定电阻作为负载电阻 R_L。

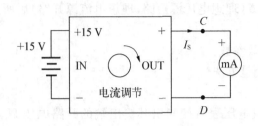

图 2-11 电流源调节示意图

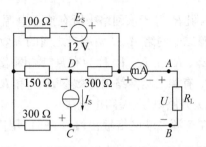

图 2-12 等效电源定理实验排列接线图

3. 测开路电压、短路电流

将负载 R_L 开路，用数字万用表直流电压挡测量 A、B 两点间的电压 U_{AB}（即为开路电压 $U_{AB} = U_{OC}$）；然后在输出端短路的状态下，串入电流表测量短路电流 I_{SC}，并将数据填入表 2-8 中，计算出等效内阻 R_0。

表 2-8 开路电压、短路电流测量记录表

U_{OC}/V	I_{SC}/mA	$R_0/k\Omega(R_0 = U_{OC}/I_{SC})$

4. 测量有源二端网络的外特性

根据如图 2-12 所示的电路，改变负载电阻 R_L 的阻值（为测量方便，用若干不同阻值的固定电阻作为负载电阻 R_L），测量该有源二端网络的外特性，并将数据填入表 2-9 中。

表 2-9 有源二端网络的外特性测量记录表

$R_L/k\Omega$	∞	10	5.1	3	2	1	0.5	0.2	0.1	0
U_{AB}/V										
I/mA										

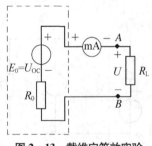

图 2-13 戴维宁等效实验电路图

5. 验证戴维宁定理

按如图 2-13 所示的电路接线，图中 U_{OC} 的值由稳压电源调节提供，R_0 由 2.2 kΩ 可变电阻器调节确定。改变负载电阻 R_L 的阻值，测量 U_{AB} 和 I，并将数据填入表 2-10 中。

*6. 验证诺顿定理

根据诺顿定理自行设计电路图，将稳压电源设为恒流源方式并重新设定电流值，R_0 由 2.2 kΩ 可变电阻器调节确定。逐次改变负载电阻 R_L 的阻值，测量 U_{AB} 和 I，并将数据填入表 2-11 中。

表 2-10 戴维宁定理验证的外特性测量记录表

$R_L/k\Omega$	∞	10	5.1	3	2	1	0.5	0.2	0.1	0
U_{AB}/V										
I/mA										

表 2 – 11　诺顿定理验证的外特性测量记录表

$R_L/k\Omega$	∞	10	5.1	3	2	1	0.5	0.2	0.1	0
U_{AB}/V										
I/mA										

2.3.4　实验设备与器材

可调直流稳压电源,数字万用表,电流表,电工电子基本模块系统(九孔板)。

2.3.5　预习内容

1. 复习电源的外特性和等效电源定理。
2. 预先计算出实验电路中 E_0 和 R_0 的理论值。

$E_0 = $ ＿＿＿＿＿ V　　　　$R_0 = $ ＿＿＿＿＿ Ω

2.3.6　实验思考题

1. 如何测量有源二端网络的开路电压和短路电流?
2. 说明测量有源二端网络开路电压及等效内阻的几种方法,并比较其优缺点。
3. 用若干不同阻值的固定电阻作为负载电阻进行实验,有什么好处?

2.3.7　实验报告要求

1. 根据步骤 4 和步骤 5 在同一坐标轴上绘出 $U_{AB}-I$ 和 $U'_{AB}-I'$ 外特性曲线,验证戴维宁定理。
2. 根据步骤 3 测得的 U_{OC} 和 R_0 与预习时计算的理论结果比较,能得出什么结论?
3. 归纳、总结实验结果,分别说明戴维宁定理和诺顿定理的应用场景。

2.4　实验四　*RLC* 串联交流电路的谐振

2.4.1　实验目的

1. 了解 *RLC* 串联交流电路在谐振时的特点。
2. 测绘不同品质因数的电路的谐振曲线。
3. 学习任意波形发生器和示波器的使用。

2.4.2　实验原理

1. 在如图 2 – 14 所示的单相正弦交流 *RLC* 串联电路中,电流

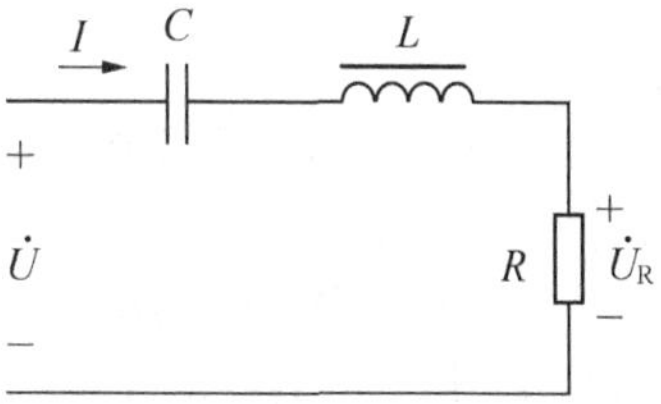

$$I = \frac{U}{Z} = \frac{U}{\sqrt{R^2+(X_L-X_C)^2}} \qquad (2-3)$$

图 2 – 14　单相正弦交流 *RLC* 串联电路

式中,R 为回路的总有效电阻(一般地,$R = R' + R''$,其中,R' 为回路中的集中电阻;R'' 为线圈以及导线的分布电阻和接触电阻等);$X_L = \omega L = 2\pi fL$ 为感抗;$X_C = \dfrac{1}{\omega C} = \dfrac{1}{2\pi fC}$ 为容抗。

若保持外加电压 U 大小不变,逐渐改变电源的频率 f,当频率到达某一特定值 f_0 时,$X_L = X_C$,此时电路中的电流 I 达到最大,此时称电路发生了串联谐振。当电路发生串联

谐振时，

$$\text{谐振电流} \qquad I = I_0 = \frac{U}{R} \qquad\qquad (2-4)$$

$$\text{谐振频率} \qquad f = f_0 = \frac{1}{2\pi} \cdot \frac{1}{\sqrt{LC}} \qquad\qquad (2-5)$$

无线电技术中常利用这一特性来接收电台的信号。

2. 在图 2-14 电路中，若 $\dot{U}$ 为激励信号，$\dot{U}_R$ 为响应信号，其幅频特性曲线如图 2-15 所示，当 $f = f_0$ 时，$A=1$，$U_R = U$；当 $f \neq f_0$ 时，$U_R < U$，呈带通特性。$A = 0.707$，即 $U_R = 0.707U$ 所对应的两个频率 f_L 和 f_H 为下限频率和上限频率，$f_H - f_L$ 为通频带。通频带的宽窄与电阻 R 有关，不同电阻值的幅频特性曲线如图 2-16 所示。

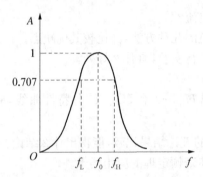 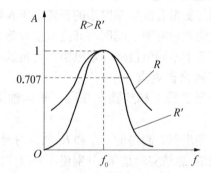

图 2-15　图 2-14 的幅频特性曲线　　　图 2-16　不同电阻值的幅频特性曲线

3. 电路发生串联谐振时，$U_R = U$，$U_L = U_C = QU$，Q 称为品质因数，即

$$Q = \frac{U_L}{U} = \frac{U_C}{U} = \frac{\omega_0 L}{R} = \frac{1}{\omega_0 CR} \qquad\qquad (2-6)$$

可见电阻 R 的大小对回路品质因数有很大影响：R 大，品质因数低，选择性差；R 小，品质因数高，选择性好。

4. RLC 串联电路中电流对频率变化的关系曲线，即 $I = F(f)$，称为谐振曲线。工程上常利用测量集中电阻 R' 上的电压 U'_R 再除以 R'，间接算出电流 I，从而绘出谐振曲线。

2.4.3　实验内容及步骤

1. 如图 2-17 所示，电容 C 取 $0.01\ \mu\text{F}$，电感 L 取 $10\ \text{mH}$，$R_1 = 300\ \Omega$，$R_2 = 1\ \text{k}\Omega$。在输入端加有效值为 1 V 的正弦交流信号（用示波器测量）。

2. 将 K 接在 R_1 位置，任意波形发生器设置为输出正弦交流信号，保持电压有效值为 1 V 不变，调节输出信号频率 f，先找出谐振频率。用示波器测 R_1 电阻两端的电压，当 U_R 为最大时，电路即处于谐振状态（测波形输出输入同相）。此时任意波形发生器显示的频率即为谐振频率 f_0，将其记录于表 2-12 中。

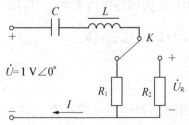

图 2-17　RLC 串联电路实验接线图

表 2 - 12　测量记录表

类　别		f_L		f_0		f_H	
频率 f/kHz							
$R=300$ W	测试 U_R/V						
	计算 I/mA						
频率 f/kHz							
$R=1$ kΩ	测试 U_R/V						
	计算 I/mA						

在谐振状态下,用示波器测出

$$U_C = \underline{\hspace{3cm}}(V), \ U_L = \underline{\hspace{3cm}}(V)。$$

*3. 找出谐振点的另一种方法:将示波器设置为 X - Y 显示方式。用示波器的 CH1 通道探棒(红色)接输入电压 U 的"+"端,CH2 通道探棒(红色)接输出电压 U_R 的"+"端,任一通道的黑色鳄鱼夹接电路的"-"端。选取适当的垂直灵敏度系数(CH1 和 CH2 的 V/div 旋钮调节),屏幕上会出现一个倾斜的椭圆,随着频率的变化,椭圆的形状会改变,如果变为一条斜线,那么就表示电路已经处于谐振状态。

4. 算出电路处于谐振时电阻两端的电压 $U_R(f_0)$ 的 0.707 的值,据此找出 f_L(下限频率)和 f_H(上限频率);在谐振频率 f_0 两侧各再安排 3 个频率测量点:在谐振频率和上(下)限频率间安排 2 个,上(下)限频率以外安排 1 个。在每个频率处分别测出 U_R 的值,算出 I,填入表 2 - 12 中。

5. 将 K 接到 1 kΩ 处,重复上述测试,并将数据记录于表 2 - 12 中。

在谐振状态下,用示波器测出

$$U_C = \underline{\hspace{3cm}}(V), \ U_L = \underline{\hspace{3cm}}(V)。$$

注意:① 每改变一次频率,均须调节任意波形发生器电压微调旋钮,使其输出电压有效值保持为 1 V;② 在谐振点附近时,频率级数应分细些;③ 测量时,任意波形发生器接地端与示波器接地端应一致,黑色夹子接地。为此,可以交换 R、L、C 元件的位置,只要三者仍保持串联即可。

2.4.4　实验设备与器材

任意波形发生器,示波器,电工电子基本模块系统(九孔板)。

2.4.5　预习内容

1. 复习 RLC 串联谐振电路原理。

2. 熟悉任意波形发生器和示波器的使用方法。

3. 本题也可进行仿真实验。在 Multisim 工作区放置电容、电感、电阻各一个,修改参数。用任意波形发生器输出正弦波,幅值设为 $1.4 \ V_p$,单边输出,用示波器检测输入和输出电压,将输出连接导线颜色改为蓝色,按下仿真开关,调节频率,记录结果。

2.4.6　实验思考题

1. 改变电路的哪些参数可以使电路发生谐振? 电路中 R 的数值是否影响谐振频率?

2. 如何判别电路是否发生谐振? 测试谐振点的方案有哪些?

3. 要提高 R、L、C 串联电路的品质因数,电路参数应如何改变?

4. 实际谐振频率与理论值的差异有多大? 你认为造成这种差异的主要因素是什么?

5. 电路谐振时,比较输出电压 U_R 与输入电压 U 是否相等? U_L 和 U_C 是否相等? 试分析原因。

2.4.7 实验报告要求

1. 根据实验数据求出电流 I 值,填入记录表中。

2. 在同一坐标轴上作 $R_1 = 300\ \Omega$ 和 $R_2 = 1\ k\Omega$ 时的谐振曲线。

3. 根据谐振曲线求出两种情况下的通频带宽度 Δf 和品质因数 Q。

2.5 实验五 单相交流并联电路

2.5.1 实验目的

1. 了解传统日光灯电路的工作原理。

2. 熟悉功率表的原理及单相交流电路功率的测量方法。

3. 观察在单相交流电路中感性负载两端并接不同电容值的电容后,整个电路中电流和功率变化的情况。

4. 加深对提高功率因数节约电能的认识。

2.5.2 实验原理

1. 日光灯的工作原理

传统的日光灯电路由灯管、镇流器和启辉器组成,如图 2-18 所示。灯管两端装有灯丝电极,灯丝受热后易发射电子。灯管内壁涂有一层荧光物质,管内充有可被电离的稀有气体。镇流器是一个带铁芯的电感线圈。启辉器内有一个氖气辉光管,管内有固定电极和倒 U 形双金属片,氖气辉光管外并联一个小电容。

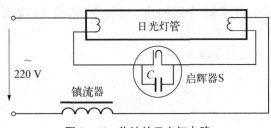

图 2-18 传统的日光灯电路

刚接通电源时,由于电压尚不足以使日光灯管内气体电离放电,灯管内气体并不导电。大部分电压加在启辉器辉光管内的固定电极与倒 U 形双金属片之间,引起辉光放电,双金属片受热伸展而与固定电极接触。电流通过镇流器、灯管两端的灯丝及启辉器构成回路。灯丝因电流流过被加热而发射电子,同时启辉器中的倒 U 形双金属片由于辉光放电结束而冷却、弯曲,数秒后与固定电极分离,使电路突然断开。在断开瞬间,镇流器产生的较高感应电压与电源电压叠加后(400~600 V)加在灯管的两端,迫使管内气体电离发生弧光放电而发光,部分不可见光(紫外线)轰击管壁荧光粉转换为可见光,提高了发光效率。灯管点燃后,由于镇流器的限流、分压作用,使得灯管中通过的电流较小且较稳定,灯管两端的电压较低,而启辉器与灯管并联,较低的电压不能使启辉器再次动作。

2. 功率因数的提高

由于传统日光灯电路的镇流器采用铁芯电感线圈,灯管在工作时可以认为是一个电阻负载,整个电路可等效为一个 R、L 串联电路,其功率因数较低,一般在 0.5 左右。(注:现在市场上日光灯电子镇流器已经相当普及,它采用电子电路完成启辉、限流等电路功能,提高了日光灯电路的功率因数。)

现代社会的生产和生活里应用的电器当中感性负载很多,如变压器、电动机等,其功率因数都较低。当负载的功率、端电压一定时,功率因数越低,线路中的电流就越大,电能在输配电线路上的损耗增大,传输效率降低,电源设备的容量得不到充分的利用,故应该设法提高负载端的功率因数。通常采用的方法是在负载端并联电容器,用电容器的容性电流补偿负载中的感性电流。虽然此时负载消耗的有功功率不变,但是随着负载端功率因数的提高,线路中的总电流减小,线路损耗降低,同时也提高了电源设备的利用率。

本实验采用传统日光灯电路作实验对象。提高功率因数的方法是在线路上并联一组电容器。起先,当并联电容 C 值增加时,总电流减小,功率因数提高。当 C 值达到某一数值时,功率因数达到最大。若再增加 C 值,功率因数反而降低,总电流将会增加。

3. 交流电路功率的测量

电路中的功率与电压和电流的乘积有关,所以测量功率的仪表必须有两个线圈:一个用来反映电压,与负载并联,称之为电压线圈;一个用来反映电流,与负载串联,称之为电流线圈。PW 系列数字功率表可以测量交流电压、电流和有功功率等多种电量,也具有一对电压测量端子和一对电流测量端子,其同名端标有"*"。测量时,电压测量端子并联在被测电路(或元件)两端,电流测量端子串联在被测电路(或元件)中。

2.5.3　实验内容及步骤

1. 按如图 2 - 19 所示的实验电路进行接线。其中电流检测板的详细结构见图 2 - 20,每块电流检测板从上到下有三路或四路。每一路电流检测共有 6 个插孔,分为 3 对:中间以弧线相连的一对是短路环插孔,下面的一对是电流测量插孔,短路环插孔外侧的一对是电路接线插孔。接线时,上起第一路左插孔接火线,右插孔接第二、三路左插孔;第二路右插孔接日光灯支路,第三路右插孔接电容支路。

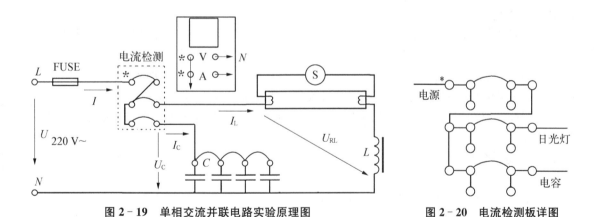

图 2 - 19　单相交流并联电路实验原理图　　　　图 2 - 20　电流检测板详图

2. 经检查接线无误后,闭合电源开关,观察日光灯是否工作正常,如日光灯未点亮,应检查线路接线是否正确,接触是否良好,熔丝是否正常。

3. 日光灯点亮后逐步改变接入电容的电容值,从开路增加到 5.7 μF。每改变一次电容 C 值,应分别测量总电路、电容支路和日光灯支路中的电流、电压及有功功率,并将测量数据填入表 2 - 13 中。测量时应注意,当改变电容 C 值时,总电路电流必有一个最小值,且此时的功率因数为最大($\cos \varphi \approx 1$)。 这一数据必须记入表中。

表 2 - 13 测量记录表

C 值	参　　数								
	总 电 路				日光灯支路			电 容 支 路	
	U/V	I/mA	P/W	实测 $\cos\varphi$	U_{RL}/V	I_L/mA	P_{RL}/W	U_C/V	I_C/mA	P_C/W
开路									
2 μF									
3 μF									
4 μF									
5 μF									
6.7 μF									

4. 参考图 2 - 19 中上部多功能功率表的接线图,将电压测量和电流测量的同名端(有 * 标志)短接,连接后引出一根导线(以下称为星号端),电压测量与电流测量的另一端各引出一根导线,分别称为电压测棒和电流测棒。

测量时,电压测棒固定接中性线 N,左手持星号端插头,右手持电流测棒插头,分别插入短路环下面的电流测量插孔,然后拔出短路环。数据读出后,短路环恢复原位,再拔出测电流的两根插头。

2.5.4 实验设备与器材

多功能电路装置。

2.5.5 预习内容

1. 复习单相交流电路的有功功率、无功功率和视在功率的关系。

2. 负载并联电容进行功率因数补偿的原理。

2.5.6 实验思考题

1. 当日光灯上缺少启辉器时,人们常用一根导线将启辉器插座的两端短接一下,然后迅速断开,使日光灯点亮;或用一只启辉器去点亮多只同类型的日光灯,这是为什么?

2. 为了提高电路的功率因数,常在感性负载上并联电容器,此时增加了一条电流支路,试问电路的总电流是增大还是减小? 此时感性元件上的电流和功率是否改变?

3. 提高线路功率因数为什么只采用并联电容器法,而不用串联法? 所并联的电容器是否越大越好?

2.5.7 实验报告要求

1. 验证记录表中的 $\cos\varphi$ 值。

2. 取 $\cos\varphi$ 值最大的一组数据作相量图。

3. 以总电流 I 为纵坐标,接入电路的补偿电容 C 为横坐标,作 I - C 曲线,绘在坐标纸上。

2.6 实验六 三相交流电路负载的接法

2.6.1 实验目的

1. 学习三相负载的星形接法和三角形接法。

2. 用实验方法证实负载作星形和三角形连接时,线电压与相电压、线电流与相电流之间的关系。

3. 了解星形接法负载不对称时,中线所起的作用。

4. 观察不对称负载作三角形连接时的情况。

2.6.2　实验原理

1. 三相电路负载的连接有星形和三角形两种接法。

2. 连接的条件是每相负载实际承受的电压等于它的额定电压。如以 U_P 代表负载每相的额定电压，U_L 代表电源的线电压，忽略线路压降，则

当 $U_P = U_L$ 时，应采用三角形接法。

当 $U_P = U_L / \sqrt{3}$ 时，应采用星形接法。

3. 当三相电源电压及负载都对称时，线电压与相电压、线电流与相电流之间的主要关系如下，

星形接法：
$$I_L = I_P, \tag{2-7}$$

$$U_L = \sqrt{3} U_P。 \tag{2-8}$$

三角形接法：
$$U_L = U_P, \tag{2-9}$$

$$I_L = \sqrt{3} I_P。 \tag{2-10}$$

式中，U_L、U_P 分别为线电压和相电压；I_L、I_P 分别为线电流和相电流。

当负载阻抗不对称时，对于三角形接法及星形带中线（即 Y_0）接法的负载，各相负载的不对称不会严重影响各相的电压，各相负载仍能正常工作。

对于星形无中线（即 Y）接法的负载，当各相负载不对称时，会严重影响各相的电压，使各相负载不能正常工作。因此不对称负载的星形接法，必须采用三相四线制星形带中线（即 Y_0）接法。

4. 三相电路的总功率

当负载对称时，$P = 3P_\varphi = \sqrt{3} U_L I_L \cos \varphi$。

当负载不对称时，则总功率为各相功率之和，即

星形接法：$P = P_A + P_B + P_C$。

三角形接法：$P = P_{AB} + P_{BC} + P_{CA}$。

2.6.3　实验内容及步骤

1. 负载星形接法

1）按如图 2-21 所示的电路接成负载(灯组)星形接法实验电路。

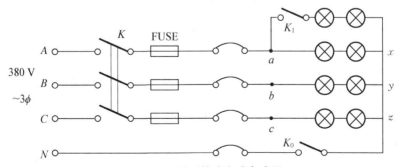

图 2-21　星形接法实验电路图

经检查后接上 380 V 三相交流电源,合上 K 及 K_0,打开 K_1,组成三相对称 Y_0 接法电路,观察各灯组亮度是否一致,并测量 U_L、U_P、I_L、I_0 等数据,填入表 2 - 14 中。观察中线电流是否为零,以便核对负载是否对称。打开 K_0,组成对称 Y 接法,重测各电压电流,将数据再填入表 2 - 14 中,并观察灯光亮度是否有变化。

表 2 - 14 星形接法数据记录表

负载情况	观 察 结 果									I_0/A	计算结果			P /W
	U_L/V			U_P/V			$I_L = I_P$/A				P_P/W			
	U_{AB}	U_{BC}	U_{CA}	U_{ax}	U_{by}	U_{cz}	I_A	I_B	I_C		P_A	P_B	P_C	
对称 Y_0														
对称 Y														
不对称 Y_0														
不对称 Y														

2) 合上 K_1、K_0,组成 Y_0 不对称负载,重新测量 U_L、U_P、I_L、I_0 等数据,填入表 2 - 14 中,并观察各相灯光亮度是否一致。

3) 打开 K_0,组成三相不对称 Y 接法负载,观察各灯光亮度的变化,并测量 U_L、U_P、I_L 等数据,填入表 2 - 14 中。

2. 三角形接法

1) 按如图 2 - 22 所示的电路接成负载(灯组)三角形接法实验电路,经检查后合上 K,打开 K_1,组成对称三相三角形接法电路,观察灯光亮度是否一致,并测量 U_L、I_L、I_P 等数据,填入表 2 - 15 中。

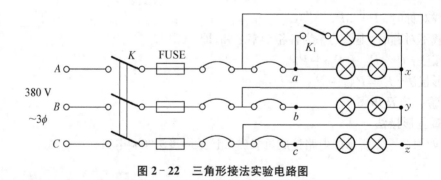

图 2 - 22 三角形接法实验电路图

表 2 - 15 三角形接法数据记录表

负载情况	观 察 结 果									计算结果			P /W
	$U_L = U_P$/V			I_P/A			I_L/A			P_P/W			
	U_{ax}	U_{by}	U_{cz}	I_{ax}	I_{by}	I_{cz}	I_A	I_B	I_C	P_{AB}	P_{BC}	P_{CA}	
对称													
不对称													

2) 合上 K_1,组成三相不对称电路,重复上述实验步骤,并测量 U_L、I_L、I_P,并将读数填入表 2 - 15 中。

2.6.4 实验设备与器材

多功能电路装置。

2.6.5 预习内容

复习负载星形接法和三角形接法的三相交流电路的电压、电流关系。

2.6.6 实验思考题

供电部门规定:在三相四线制系统中,中性线上不得安装熔断器和开关,这是什么道理?

2.6.7 实验报告要求

1. 计算表 2 - 14、表 2 - 15 中的计算项目(本实验所用负载为灯组,属电阻性负载,故 $\cos\varphi = 1$)。

2. 验证三相对称负载分别在星形接法和三角形接法中,相电压与线电压、相电流与线电流之间的关系。

2.7 实验七 三相功率的测量

2.7.1 实验目的

1. 学习用三瓦特计法和二瓦特计法测量三相功率。

2. 了解在三相电感性负载情况下,功率因数对二瓦特计读数的影响。

2.7.2 实验原理

1. 三相负载的总功率等于各相负载功率之和,因此测量三相总功率可以用三只瓦特计(即单相有功功率表)分别测出每一相的有功功率,然后三者相加。如若负载是对称的,则可以用一只瓦特计测量其中一相的有功功率,然后乘 3,就得到三相总的有功功率。图 2 - 23(a)是三瓦特计法功率表接法示意图。图中功率表是简化画法,圆圈内竖线表示电压线圈,横线表示电流线圈。从图中看出,这种方法适用于三相四线制电路。

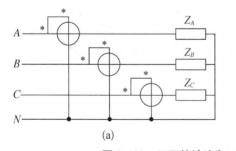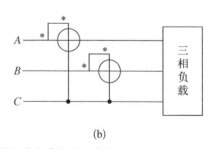

图 2 - 23 三瓦特计法和二瓦特计法功率表接法示意图

2. 在三相三线制电路中常用二瓦特计法来测量三相总功率。图 2 - 23(b)是二瓦特计法功率表接法示意图。由于三相瞬时功率 p 等于每一相瞬时功率之和,即

$$p = p_A + p_B + p_C = u_A i_A + u_B i_B + u_C i_C \qquad (2-11)$$

在三相三线制电路中 $\qquad i_A + i_B + i_C = 0, i_C = -i_A - i_B$

故
$$p = u_A i_A + u_B i_B + u_C(-i_A - i_B)$$
$$= (u_A - u_C)i_A + (u_B - u_C)i_B$$
$$= u_{AC} i_A + u_{BC} i_B \tag{2-12}$$

瞬时功率 p 对时间积分,并取平均值,得平均功率

$$P = P_1 + P_2 = U_{AC} I_A \cos\alpha + U_{BC} I_B \cos\beta \tag{2-13}$$

式中,α 为 U_{AC} 和 I_A 之间的相位差角;β 为 U_{BC} 和 I_B 之间的相位差角。

当负载对称,相电压与相电流相位差为 φ 时,则 $\alpha = (30° - \varphi)$,$\beta = (30° + \varphi)$。 有关对称负载星形接法时的相量图如图 2-24 所示。

若 $\varphi = 0°$,$P_1 = P_2$,则三相功率:$P = P_1 + P_2 = 2P_1$;
若 $\varphi = 60°$,P_1 为正值,$P_2 = 0$,则三相功率:$P = P_1$;
若 $\varphi < 60°$,P_1、P_2 均为正值,则三相功率:$P = P_1 + P_2$。

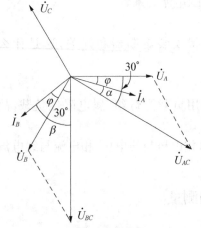

图 2-24 对称负载星形接法时的相量图

2.7.3 实验内容及步骤

按如图 2-25 所示的电路进行接线并准备好测量仪表。先将灯组接入电路。参考图 2-25 左侧多功能功率表的接线图,将电压测量和电流测量的同名端(有 * 标志)短接,连接后引出一根导线(以下称为星号端),电压测量与电流测量的另一端各引出一根导线,分别称为电压测棒和电流测棒。

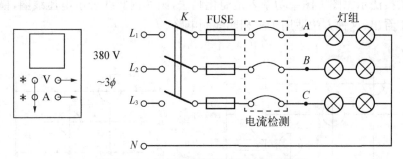

图 2-25 三相平衡灯组功率测量电路图

1. 平衡灯组

1) 三瓦特计法测有功功率

合上三相电路开关 K,将电压测棒接到中性线 N 上,将星号端和电流测棒的插头分别插入电流检测板中的 A 相插孔中(星号端在左,电流测棒在右),测量电流时取下短路环,并读取表 2-16 中所要求的各项数据,记入表的平衡灯组一行 A 相各列。读取数据后应先将短路环恢复原位,再将星号端和电流测棒的插头拔出。然后用同样方法测量 B、C 两相,读取数据并记录在表 2-16 中。

表 2-16　三瓦特计法功率测量记录表

负载类别	三瓦特计法(数字功率表)测量结果									计算结果
测量项目	U_A/V	U_B/V	U_C/V	I_A/A	I_B/A	I_C/A	P_A/W	P_B/W	P_C/W	$P_总$/W
平衡灯组										
三相电感										

注意：必须将星号端和电流测棒的插头全都拔出后方可测量另一相,否则会造成短路!

2) 二瓦特计法测有功功率

参考图 2-23(b),将电压测棒接到 C 相上,然后将星号端和电流测棒的插头分别插入电流检测板中的 A 相插孔中(星号端在左,电流测棒在右),并读取表 2-17 中所要求的各项数据,记入表的平衡灯组一行 A 相各列中。读取数据后应先将短路环恢复原位,再将星号端和电流测棒的插头拔出,然后再测量 B 相,测量完毕切断三相电路开关 K。

表 2-17　二瓦特计法功率测量记录表

负载类别	二瓦特计法(数字功率表)测量结果						计算结果
测量项目	U_{AC}/V	U_{BC}/V	I_A/A	I_B/A	P_1/W	P_2/W	$P_总$/W
平衡灯组							
三相电感							

2. 三相电感

将如图 2-25 所示的线路进行改接,改接前应先确认线路已经断电。将灯组撤除,接入三相电感(用三相异步电动机代替,电动机按星形接法,中性点 N' 不需要连接电源中点 N),改接后的电路如图 2-26 所示。

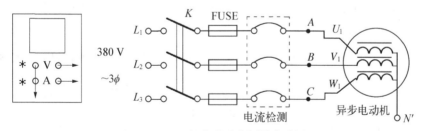

图 2-26　三相电感功率测量电路图

1) 三瓦特计法测有功功率

合上三相电路开关 K,将电压测棒接到电机中性点 N' 上,将星号端和电流测棒的插头分别插入电流检测板中的 A、B、C 三相插孔中(星号端在左,电流测棒在右),测量电流时取下短路环,读取表 2-16 中所要求的各项数据,记入三相电感一行中。

2) 二瓦特计法测有功功率

将电压测棒接到 C 线上,然后将星号端和电流测棒的插头分别插入电流检测板中的 A、B 二相插孔中(星号端在左,电流测棒在右),并读取表 2-17 中所要求的各项数据,记入三相电感一行中。读取数据后应先将短路环复位,再将星号端和电流测棒的插头拔出。测量完毕切断三

相电路开关 K。

2.7.4 实验设备与器材

多功能电路装置,异步电动机。

2.7.5 预习内容

复习三相功率测量的理论和方法。

2.7.6 实验思考题

如果相序不变,在什么性质的对称负载下,二瓦特计法的读数 P_2 为正、P_1 为负?试用相量图进行分析。

2.7.7 实验报告要求

分别计算利用三瓦特计法和二瓦特计法测得的三相总功率,并加以比较。

2.8 实验八 一阶 *RC* 电路的暂态响应

2.8.1 实验目的

1. 观察一阶 *RC* 电路的充放电过程。
2. 在微分电路和积分电路中,分析时间常数与工作脉冲宽度对输出波形的影响。
3. 学习任意波形发生器及示波器的使用。

2.8.2 实验原理

一般来说,一阶 *RC* 电路对于开关接通或断开直流激励的暂态响应是一种单次变化过程。要用普通示波器观察这种单次变化过程,就必须使它重复出现。为此,可利用任意波形发生器输出的矩形波来模拟阶跃激励信号,即利用矩形波的上升沿作为零状态响应的正阶跃激励信号;矩形波的下降沿作为零状态响应的负阶跃激励信号。

微分电路和积分电路是一阶 *RC* 电路中较典型的电路,它对电路元件参数和输入信号的周期有着特定的要求。

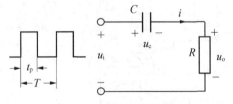

图 2-27 微分电路原理图

1. 微分电路

如图 2-27 所示的 *RC* 串联电路,电阻 *R* 两端的电压作为响应输出,当满足 $RC \ll t_p$(当占空比为 50% 时,$t_p = \dfrac{T}{2}$,T 为矩形波脉冲的周期)时,则称该电路为微分电路。其输出电压 u_o 近似与输入电压对时间的微分成正比。

图 2-27 所示的电路并不是在任何条件下都能起微分作用的。有无微分作用的关键是时间常数 τ 与脉冲宽度 t_p 的相对大小。当 $\tau \ll t_p$ 时,微分作用显著,输出电压在输入信号上升沿时刻出现正向的尖脉冲,在输入信号下降沿时刻出现负向的尖脉冲,如图 2-28(a)所示。当 $\tau = t_p$ 时,微分作用不显著[图 2-28(b)]。当 $\tau \gg t_p$ 时,输出电压 u_o 的波形基本上与输入电压 u_i 的波形一致,只是将波形向下平移了一段距离,使波形正半周和负半周所包含的面积相等[图 2-28(c)]。这时电路成为一般的阻容耦合电路,只是将输入信号中的直流分量隔离了。

2. 积分电路

如图 2-29 所示的 *RC* 串联电路,电容 *C* 两端的电压作为响应输出,在矩形波序列的脉冲激励下,当电路的参数满足 $\tau = RC \gg t_p = \dfrac{T}{2}$ 时,则称该电路为积分电路。

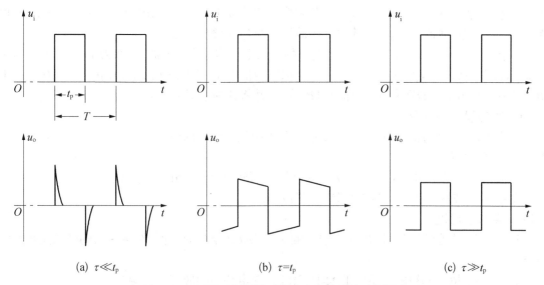

(a) $\tau \ll t_p$　　　　　　(b) $\tau = t_p$　　　　　　(c) $\tau \gg t_p$

图 2-28　不同时间常数对微分电路输出波形的影响

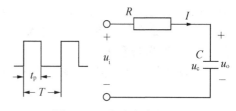

图 2-29　积分电路原理图

当 τ 很大时,输出电压 u_o 近似与输入电压 u_i 对时间的积分成正比。所以如图 2-29 所示的电路又被称为"积分电路"。可以利用积分电路将方波转换成三角波。

在积分电路中,当 $\tau \gg t_p$ 时,若输入电压为方波脉冲,则输出电压为三角波,积分作用显著,如图 2-30(a) 所示。当 $\tau < t_p$ 时,输出波形如图 2-30(b) 所示,此时电路失去了积分作用。

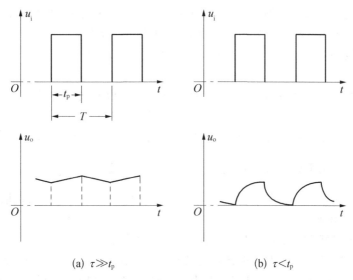

(a) $\tau \gg t_p$　　　　　　　　(b) $\tau < t_p$

图 2-30　τ 的大小对积分电路输出波形的影响

2.8.3　实验内容及步骤

1. 按如图 2-27 所示的电路接线,电路的输入电压信号为矩形波,频率为 1 000 Hz,高电平为 5 V,低电平为 0 V,占空比为 50%。分别取电容值等于 1 μF、0.1 μF、0.01 μF 和 2 200 pF,电阻为 10 kΩ,用示波器观察输入、输出电压波形,并将其描绘下来。

2. 按如图 2-29 所示的电路接线,电路的输入电压信号为矩形波,频率为 1 000 Hz,高电平为 5 V,低电平为 0 V,占空比为 50%。分别取电容值等于 1 μF、0.1 μF、0.01 μF 和 2 200 pF,电阻为 100 kΩ,用示波器观察输入、输出电压波形,并将其描绘下来。

2.8.4 实验设备与器材

双踪示波器,任意波形发生器,电工电子基本模块系统(九孔板)。

2.8.5 预习内容

1. 复习一阶 RC 电路的三要素法,掌握微分电路与积分电路的工作原理。

2. 熟悉示波器及任意波形发生器的使用方法。

2.8.6 实验思考题

1. 用示波器观察 RC 一阶电路零输入响应和零状态响应时,为什么脉冲激励必须是矩形波信号?

2. 在一阶 RC 电路中,当 RC 的大小变化时,对电路的响应有何影响?

3. 何谓积分电路和微分电路,它们必须具备什么条件? 它们在矩形波激励下,其输出信号波形的变化规律如何? 这两种电路有何功能?

4. 为什么在积分电路中若输入电压为矩形波脉冲,输出电压为三角波就是积分作用?

2.8.7 实验报告要求

比较微分电路与积分电路的作用,指出时间常数与工作脉冲宽度的相对关系对输出波形的影响。

2.9　实验九　三相异步电动机正反转控制电路

2.9.1 实验目的

1. 了解异步电动机和接触器、热继电器等电器铭牌数据的含义,电器的结构和应用要点。

2. 学习三相异步电动机正反转继电接触控制电路的构成方法。

3. 了解继电接触控制电路中短路保护、过载保护和联锁保护的应用。

2.9.2 实验原理

要使三相异步电动机反转,只要将三相交流电源的三根相线中的任意两根相线对换即可。因此,用两个交流接触器就能实现,实验参考电路如图 2-31 所示。

为了防止正转接触器 KM_Z 和反转接触器 KM_F 同时吸合而造成短路,引入了联锁保护。

电路中熔断器是用于短路保护的,故其熔体额定电流按 $I_{RD} \geqslant \dfrac{I_{ST}}{2.5}$ 来选取,I_{ST} 是电动机启动电流。热继电器是用于过载保护的,故其整定电流按电动机额定电流来选取。

2.9.3 实验内容及步骤

1. 记录异步电动机和交流接触器的铭牌数据,弄懂各数据的意义。

2. 按如图 2-31 所示的实验电路图进行接线(热继电器不接,主要原因是实验用三相电动机功率较小,且未带负载,按规定可以不用热继电器;另一个原因是没有如此小规格的热继电器)。

3. 线路经检查无误后,合上开关 Q,按正转按钮 SB_Z,观察电动机转向。

4. 按停止按钮 SB_1,待电动机停转后再按反转按钮 SB_F,观察电动机转向。在电动机运转

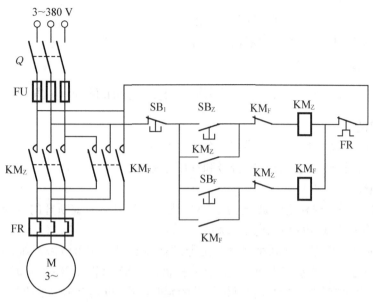

图 2-31　三相异步电动机正反转控制电路原理图

时(无论正转或反转),再按相反方向的按钮,观察是否起作用。

2.9.4　实验设备与器材

多功能电路装置,小功率三相异步电动机。

2.9.5　预习内容

1. 复习三相异步电动机正反转控制原理。

2. 根据如图 2-31 所示的原理图,对如图 2-32 所示的实位图进行连线。

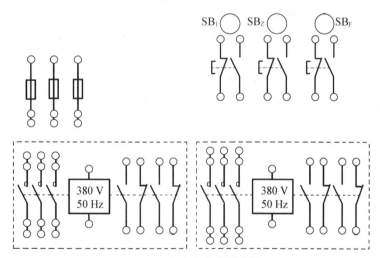

图 2-32　实验电路电器实位图

2.9.6　实验思考题

1. 在图 2-31 中,接触器和按钮是如何实现互锁的?

2. 如果要求在上述正反转控制电路中加上正向点动功能,应如何修改电路?

2.9.7　实验报告要求

1. 讨论在电路中是怎样实现自锁和联锁的。
2. 讨论在电路中热继电器和熔断器各起什么作用,如何考虑动作电流。
3. 完成思考题。

2.10　实验十　三相异步电动机时间控制电路

2.10.1　实验目的

1. 了解时间继电器在继电接触器控制系统中的应用。
2. 了解时间继电器的类型、原理、符号和选用注意事项。

2.10.2　实验原理

1. 时间继电器是一种利用电磁/电子技术实现触点延时接通或断开的自动控制电器,其种类很多,常用的有气囊式、电磁式、电动式和电子式等。

1) 气囊式时间继电器。其利用空气阻尼原理获得延时。它由电磁系统、延时机构和触点三部分组成,电磁系统为直动式双 E 型,触点结构借用 LX5 型微动开关,延时机构采用气囊式阻尼器。它既具有由空气室中的气动机构带动的延时触点,也具有由电磁机构直接带动的瞬动触点,可以做成通电延时型,也可做成断电延时型。电磁机构可以是直流的,也可以是交流的。其成本低,但延时精度差,故障率较高。

2) 直流电磁式时间继电器。其利用电磁阻尼原理构成。

3) 电动式时间继电器。其利用电脉冲驱动微型电动机,再通过多级齿轮减速机构减速,类似钟表的原理构成,结构复杂,延时精度高,但现已很少生产。

4) 电子式时间继电器。其由晶体管或集成电路和电子元件等构成。目前单片机控制的时间继电器也趋于普遍,一般采用石英晶体振荡器作时间基准,精度高;多级分频,延时范围广;体积小、耐冲击和耐振动,采用数字设定和数字显示,调节方便及寿命长等优点,所以其发展很快,应用广泛,已经成为时间继电器的主流。

电子式时间继电器的输出形式有两种:有触点式和无触点式,前者是用晶体管驱动小型电磁式继电器,后者是采用晶体管或晶闸管输出。

时间继电器可分为通电延时型和断电延时型两种类型。

时间继电器的线圈和触点的符号、类型如图 2-33 所示。

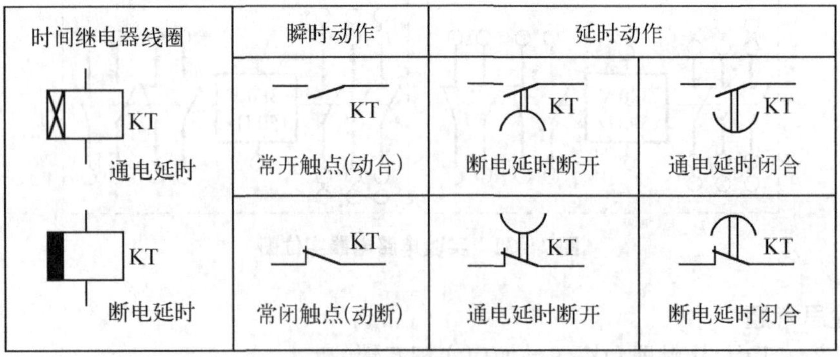

图 2-33　时间继电器的线圈和触点的符号、类型

选用时间继电器时应注意：其线圈（或电源）的电流种类和电压等级应与控制电路相同；按控制要求选择延时方式和触点类型；校核触点数量和容量。

2. 本实验采用空气式时间继电器，它是利用空气阻尼作用而达到动作延时的目的。

3. 某些生产机械通常要求一台电动机先启动，另一台电动机需经过一定延时以后再启动。其控制电路如图 2-34 所示。

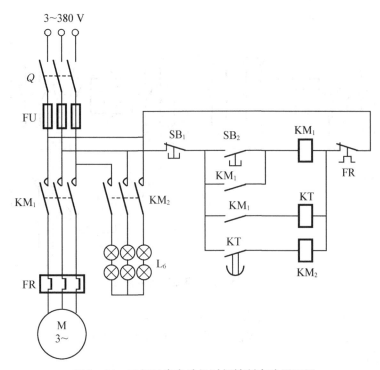

图 2-34　三相异步电动机时间控制电路原理图

4. 本实验用一组三相灯组 L_6 代替另一台电动机 D_2。

2.10.3　实验内容及步骤

1. 按如图 2-34 所示的电路进行接线。

2. 经检查线路无误后，合上开关 Q，按启动按钮 SB_2，观察电动机转动和灯组点亮的次序。

3. 调整时间继电器的调节螺丝，改变进气孔的大小，观察延时长短。

2.10.4　实验设备与器材

多功能电路装置，三相异步交流电动机。

2.10.5　预习内容

1. 复习时间控制原理及时间继电器的基本知识。

2. 根据图 2-34 所示的原理图，对如图 2-35 所示的实位图进行连线。

2.10.6　实验思考题

如果要求电动机启动时灯组同时点亮，电动机停止后灯组继续亮 10 s 后自动熄灭，如何修改控制电路？

2.10.7　实验报告要求

1. 从网上找 1~2 种电子式时间继电器的技术资料，说说你看懂了多少，还有哪些没有看

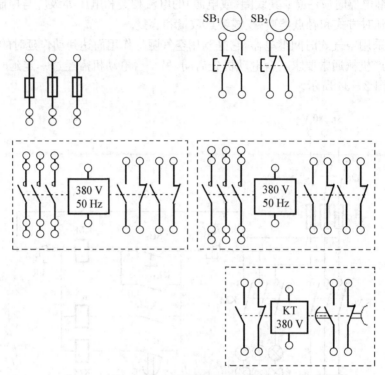

图 2 - 35　实验电路电器实位图

懂？通过这两次实验说说你学习继电接触控制电路的体会。

2. 说明在该控制电路中，按 SB₁ 按钮时，电动机和灯组是否同时停车、熄灭？

3. 完成思考题。

第3章 电子技术实验

3.1 实验十一 单相半波整流电路

3.1.1 实验目的

1. 了解并熟悉整流、滤波和稳压的概念。

2. 进一步熟悉任意波形发生器、数字万用表和示波器的使用。

3.1.2 实验原理

整流电路的目的是将电压、电流的方向和大小都随时间改变的正弦交流电转变成直流电。利用二极管具有单向导电的特性,可以通过它来建立整流电路,其中最简单的是单相半波整流电路。

3.1.3 实验内容及步骤

1. 按如图 3-1 所示的电路连接好电路,其中,K_1、K_2 是短路块。调节任意波形发生器的输出电压 u_i 输出为 6 V(有效值)/500 Hz 的正弦交流信号(使用哪种仪表来测量交流电压的实际输出参数大小?)。注意选用"电压输出"BNC(一种用于同轴电缆的连接器)插口输出,虚线框内的元件暂不接入,并先将 p、q 两点短接,电容 C 同样暂不接入。

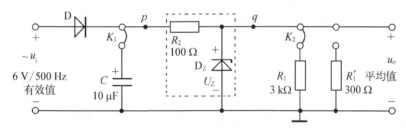

图 3-1 单相半波整流、滤波和稳压电路

2. 输出端接入负载电阻 $R_1 = 3$ kΩ,测量输出端的直流电压平均值(使用哪种仪器进行测量?),用示波器的双通道同时观测输入电压 u_i、输出电压 u_o 的波形。

① 在如图 3-2 所示的坐标纸上用两种不同颜色的笔绘出 u_i、u_o 的波形,此外需标出纵、横坐标的在示波器上的当前分辨率单位,并记录波形各峰值点的电压数值。

② 测量输出电压 U_o(直流电压平均值)=
_____ V。

3. 将电容 $C = 10$ μF 接入电路,负载仍为 $R_1 = 3$ kΩ。

① 用示波器观测并在如图 3-3 所示的直角坐标纸上绘出 u_i、u_o 的波形,标出各峰值点的电压数值。

② 测量输出电压 U_o(直流电压平均值)=
_____ V。

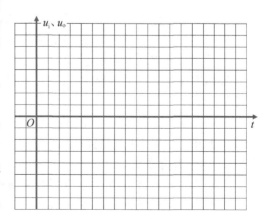

图 3-2 输入、输出电压的波形

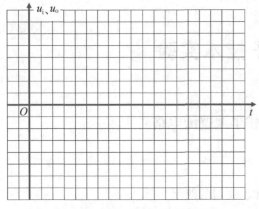

图 3-3 输入、输出电压的波形

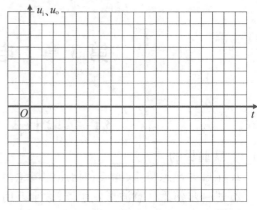

图 3-4 输入、输出电压的波形

4. 电容仍为 $C=10\ \mu F$ 并接入电路,输出负载改接为 $R_1'=300\ \Omega$。

① 用示波器观测并在如图 3-4 所示的直角坐标纸上绘出 u_i、u_o 的波形,标出各峰值点的电压数值。

② 测量输出电压 U_o(直流电压平均值)=_____ V。

＊5. 断开 p、q 两点之间的短接导线,暂时断开滤波电容 C,接入电阻 R_2 和稳压二极管 D_Z,负载电阻改回接 $R_1=3\ k\Omega$。用示波器观测输入、输出电压波形并绘制在坐标纸上,标出各峰值点的电压数值(选做,坐标图自行绘制)。

＊6. 在上述第 5 步操作的基础上,重新接入滤波电容 C,用示波器观测输入、输出电压波形并绘出输出电压波形,标出输出电压数值(选做,坐标图自行绘制)。

3.1.4 实验设备与器材

双踪示波器,任意波形发生器,数字万用表,电工电子基本模块系统(九孔板)。

3.1.5 预习内容

1. 复习单相半波(全波)整流滤波电路和稳压二极管稳压电路原理。

2. 复习示波器、任意波形发生器及数字万用表的使用方法。

3. 试对本实验进行虚拟仿真实验。

3.1.6 实验思考题

1. 如果电路中出现二极管短路的情况,输出电压 U_o(直流电压平均值)=_____ V?

2. 如果电路输出端仅接入电容 C,负载电阻开路,输出电压 U_o(直流电压平均值)=_____ V?

3. 观测输出电压的波形,示波器输入耦合方式应置于什么位置(AC/DC)?

4. 测量输入电压和输出电压各用什么仪表?

5. 电路未接入滤波电容时,可能会观测到输出电压的幅值比输入电压的幅值略小,请分析其原因。

6. 电路接入滤波电容后,可能会观测到输入电压波形发生畸变,其正半周波形不再是标准的正弦波,对应的输出电压波形也会发生改变。请结合学过的电工学知识分析这一现象发生的原因。

3.1.7 实验报告要求

1. 整理整流滤波电路的测试数据,并与理论计算值比较,试分析误差原因。

2. 分析负载电阻的变化对输出电压有何影响。

3. 记录并说明实验中所使用到的仪器及功能。

4. 回答思考题(1～4 题为必答;5、6 题为选答题)。

3.2　实验十二　单相桥式整流电路

3.2.1　实验目的

1. 理解桥式整流、电容滤波电路的工作原理,并观察负载两端的电压波形。
2. 测绘整流电路在无电容滤波和接入电容滤波时的外特性曲线 $U_{ab}=f(I_o)$。

3.2.2　实验原理

单相桥式整流电路是利用二极管的单向导电性,由 4 个二极管接成一个电桥的形式,把交流电变为脉动直流电的电路。连接时须注意 4 个桥臂上二极管的正负极的接法。

脉动直流电压再经过滤波电路,把其中的交流成分大部分去掉,就可使输出电压波形变得较为平直。最简单的滤波器是用一个大容量的电容器和负载并联,如果要求输出电压的脉动更小,可以用 π 型 LC 滤波电路。由于具有一定电感量的空心电感体积较大,铁芯电感又比较重,在负载电流不大的场合,可用电阻代替电感,组成所谓的 π 型 RC 滤波电路,也能达到较为令人满意的效果。

电容滤波器的主要缺点是负载上的直流电压受负载电阻变化的影响比较大(即外特性较软),所以只适用于负载电流变动比较小的场合。

3.2.3　实验内容及步骤

1. 在九孔板上连接 π 型滤波电路,输入为 A'、B'(K_1、K_2、K_3 为短路块,短路时插入,开路时拔除),并将电流表按正确的极性接入负载电路,如图 3-5 所示。

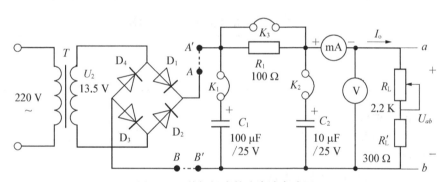

图 3-5　单相桥式整流滤波电路图

2. 将变压器整流电路输出 A、B,接到九孔板上滤波电路的输入 A'、B' 上。接上电源,在无滤波、仅电容滤波、接入 RC 组成的 π 型滤波三种情况下各自调节 R_L,使输出电流达到 30 mA,用示波器分别观察无滤波器(K_1、K_2 开路,K_3 短路)、接入电容滤波(K_2 开路,K_1、K_3 短路)和接入 RC 组成的 π 型滤波器(K_3 开路,K_1、K_2 短路)三种不同情况下的输出电压 U_{ab} 的波形,并将这些波形和电压值分别描绘和记录下来,如图 3-6～图 3-8 所示。

3. 进行外特性实验:按由大到小的顺序改变负载电阻 R_L 的大小,读取无滤波和接入 RC 组成的

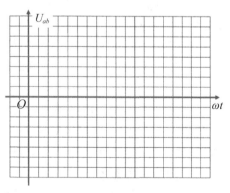

无滤波 $I_o=30$ mA
$U_{ab}=$ _____ V

图 3-6　输出电压波形

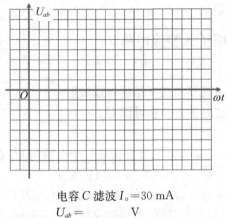

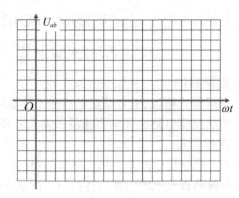

电容 C 滤波 $I_o=30$ mA π 型 RC 滤波 $I_o=30$ mA

$U_{ab}=$_____V $U_{ab}=$_____V

图 3-7   输出电压波形   图 3-8   输出电压波形

π 型滤波器时,流经负载的电流 I_o,以及负载两端的直流电压 U_{ab},记录于表 3-1 和表 3-2 中。

表 3-1   无滤波时的输出电流和电压

I_o/mA						
U_{ab}/V						

表 3-2 π 型滤波时的输出电流和电压

I_o/mA						
U_{ab}/V						

3.2.4   实验设备与器材

双踪示波器,数字万用表,单相桥式整流器,电工电子基本模块系统(九孔板)。

3.2.5   预习内容

1. 复习单相桥式整流和滤波电路原理。

2. 复习示波器的使用方法。

3.2.6   实验思考题

1. 如果接线时不慎将整流桥中某一个整流二极管接反,会导致什么后果?

2. 在无标记的情况下,如何确定单相桥式整流器输出的两个端子哪一个是 A 端,哪一个是 B 端?

3. 我们知道,交流电经整流后输出的脉动直流电压波形中仍然包含交流分量。在电容 C_1、C_2 均接入的情况下,若电阻 R_1 被 K_3 短路,即为电容滤波;若 K_3 开路,电阻 R_1 被接入,即为 π 型 RC 滤波。列举这两种类型滤波电路各自的优点和缺点。

3.2.7   实验报告要求

1. 根据外特性实验数据,作桥式整流电路无滤波器和接入由 RC 组成的 π 型滤波器时的外特性曲线 $U_{ab}=f(I_o)$ 于同一坐标系中,并对两者做出比较。

2. 回答思考题。

3.3   实验十三   共发射极单管交流放大电路

3.3.1   实验目的

1. 观察共发射极单管交流小信号放大电路的参数变化对电路的静态工作点(Q)、交流电压放大倍数(A_u)和输出电压波形的影响。

2. 学习交流放大电路静态参数和动态指标的测试方法。

3. 了解放大电路失真的类型和产生失真的原因。

3.3.2   实验原理

图 3-9 为分压式偏置的单管交流放大电路。与固定偏置的基本放大电路相比,由于其引入了直流负反馈和交流负反馈,静态工作点(Q)和交流电压放大倍数(A_u)的稳定性都有了明显改善,同时也提高了电路的输入电阻r_i。

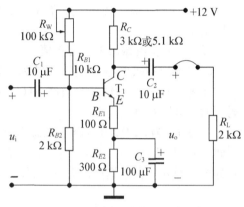

图 3-9   共发射极单管交流放大电路

这里仅简述分压式偏置放大电路稳定静态工作点的原理:由于本实验所要求静态工作点的集电极电流I_C大小仅为 1 mA,故静态时,晶体管 T_1 的发射极电位U_E只有 0.4 V 左右,基极电位U_B约为 1.1 V。R_{B2}中的静态电流约为 550 μA,而流入晶体管的基极静态电流为I_C/β,大概只有 10～20 μA,所以 T_1 管基极电位U_B主要由R_W的一部分加上R_{B1}与R_{B2}的分压决定,基本上不受温度影响。若由于温度、电源电压波动和元件参数变化等引起I_C增加,则I_E也相应增加,此时发射极电位U_E也随之上升,将导致净输入电压$U_{BE}(U_B-U_E)$减小,从而使I_B自动减小,I_C也随之减小,这样就可基本保持静态工作点(Q)的稳定。另外,如果由于各种因素而引起I_C减小,则变化过程使I_B自动增加,I_C仍会恢复到接近原来的水平。

调节R_W可改变 T_1 的基极静态电流,以合理设置静态工作点。T_1 的集电极电阻R_C的大小影响 T_1 的静态集-射电压U_{CE}和交流电压放大倍数A_u。当静态工作点不合适时,将容易引起交流输出信号失真。本实验通过观察R_W、R_C变化对放大器性能的影响,了解交流放大电路的工作特点。

3.3.3   实验内容及步骤

1. 按图 3-9 所示的电路连接电路(输入电压 u_i 和负载电阻 R_L 暂不接入),R_C 接 3 kΩ。

2. 调整静态工作点,调节 R_W 使$U_{RC}=3$ V,然后保持 R_W 不动。

3. 令输入电压 u_i 为有效值等于 20 mV,频率为 1 kHz 的正弦交流信号,用示波器观察输出信号 u_o 是否失真(如有失真现象,可微调 R_W 以消除失真)。

4. 观察电路参数变化对交流放大电路的影响:

按表 3-3 所列的各种条件来改变参数,用示波器观测放大电路的输出电压 u_o 波形和幅值,用数字万用表的直流挡测量静态参数U_{RB1}、U_{RB2}、U_{CE}、U_{RC},再用示波器观测输出电压有效值U_o,并将测试值记录在表 3-3 中。

表 3-3　给定条件下的测试及计算数据

给 定 条 件			测 试 数 据					计 算 数 据		
调节 R_W	R_C/Ω	R_L/Ω	U_{RB1}/V	U_{RB2}/V	U_{CE}/V	U_{RC}/V	U_o/V	$I_B/\mu A$	I_C/mA	A_u
$U_{RC}=3\,V$	3 K	开路								
$U_{RC}=3\,V$	3 K	2 K								
$U_{RC}=5.1\,V$	5.1 K	开路								

注意:(1) U_{RB1} 为电阻 R_{B1} 两端电压,U_{RC} 为电阻 R_C 两端电压,U_{CE} 为三极管发射极与集电极之间电压。

(2) U_o 为交流输出电压有效值。

5. 观察发射极电容 C_3 对电压放大倍数的影响。

在表 3-3 第 3 种情况的条件下($U_{RC}=5.1\,V$,$R_C=5.1\,k\Omega$,R_L 开路),去除发射极电容 C_3,测量输出电压 U_o 并记录:$U_o=$ _____ V。

6. 在 R_C 为 3 kΩ,R_L 开路的状态下,还原发射极电容 C_3,增加输入信号有效值至 50 mV,分别调节 R_W 增大或减小直至出现两种失真情况,及时记录失真情况发生时的波形于图 3-10 中,并分析是饱和失真还是截止失真。(如果调 R_W 不出现失真,可以继续增大 u_i。)

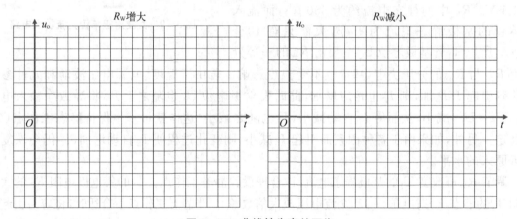

图 3-10　非线性失真的图像

3.3.4　实验设备与器材

双踪示波器,任意波形发生器,数字万用表,直流稳压电源,电工电子基本模块系统(九孔板)。

3.3.5　预习内容

1. 复习示波器、任意波形发生器和数字万用表的使用方法。

2. 复习分压式偏置单管放大电路的工作原理,思考电路参数的改变对电路静态工作点、电压放大倍数各有什么影响? 如静态工作点不合适,将会对输出信号有何影响?

3. 熟悉实验内容中各项测试的要求和方法。

3.3.6　实验思考题

1. 电路中电阻 R_{B1} 的作用是什么? 能否省去?

2. 发射极电阻 R_{E2} 对交流放大倍数有无影响? 请说明原因。

3. 测试静态参数和测试输入/输出电压时,分别用到了什么仪表? 测试输入/输出参数时有何注意事项?

3.3.7　实验报告要求

1. 整理测试数据和波形图,说明失真波形的类型(截止或饱和)及原因。
2. 总结 R_W、R_C、R_L 的变化对静态工作点、电压放大倍数和输出波形的影响。
3. 根据电路参数估算电压放大倍数并与实测值进行比较。

3.4　实验十四　差分放大电路特性测试

3.4.1　实验目的

1. 了解差分放大电路的工作原理。
2. 学习差分放大电路性能指标的测试方法。
3. 学习用任意波形发生器和示波器测量电路传输特性的方法。

3.4.2　实验原理

理解带恒流源的差分电路的基本原理。

为了放大变化缓慢的信号,放大电路不能采用阻容耦合方式,通常采用直接耦合方式,而后者的一个重要问题就是零点漂移。所谓零点漂移,就是当电路的输入信号为零时,由于环境温度、电源电压以及元件参数的变化,输出发生缓慢的、不规则的变化。有时以至于有效信号被零点漂移"湮没",无法区分有效信号和放大器本身的漂移。克服零点漂移最有效的办法是采用差分放大电路,典型差分放大电路如图 3-11 所示。

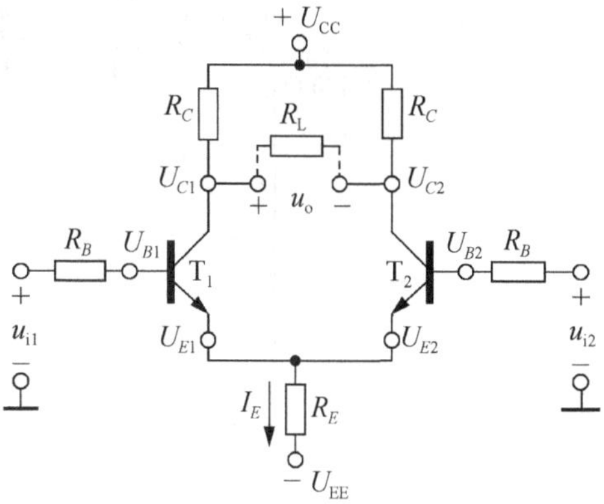

图 3-11　典型差分放大电路

差分放大电路由左右两部分结构完全对称的共发射极放大电路构成。晶体管 T_1 和 T_2 的参数须确保尽量相同,两端各自的 R_B 和 R_C 的阻值分别相等,T_1 管和 T_2 管的发射极经共用的发射极电阻 R_E 连接到负电源 U_{EE}。

电路的输入分别是 u_{i1} 和 u_{i2},整个电路的输入为 $u_i=u_{i1}-u_{i2}$。若 u_{i1} 和 u_{i2} 大小相等,极性相同,则称之为一对共模信号;若 u_{i1} 和 u_{i2} 大小相等,极性相反,则称之为一对差模信号。如果是一对大小不等的任意信号,则称之为比较信号,可表示为一对共模信号分量和差模信号分量的代数和。例如:$u_{i1}=12\text{ mV}$, $u_{i2}=8\text{ mV}$,则 $u_{i1}=10\text{ mV}+2\text{ mV}$, $u_{i2}=10\text{ mV}-2\text{ mV}$。这里 10 mV 是共模信号分量;而 ±2 mV 则是差模信号分量。任何会引起差分电路对称的两个部分的电压、电流起相同变化的因素,如外界的温度变化,电源电压的变化等,都可以看作是在输入端施加了一对共模信号;而一对差模信号或一对任意信号中的差模分量,才是有用信号。

差分电路利用对称性和俗称"长尾电阻"的发射极电阻 R_E,可以有效地抑制共模信号,放大差模信号。其中,利用对称性抑制共模信号仅在双端输出时有效,单端输出时并不能利用对称性抑制共模信号;此时主要依靠"长尾电阻"的负反馈作用来抑制共模信号。对差模信号引起的发射极电流的信号分量 I_{E1} 和 I_{E2},由于其极性相反,互相抵消,"长尾电阻"对差模信号的放大没有抑制作用。从这一方面考虑,"长尾电阻"的阻值 R_E 越大越好,但是 R_E 越大,其静态直流压降就越大,会减小输出信号的动态范围。由于负电源的电压是有限的,所以提高 R_E 受到限制。

由此,寻找一种直流电阻较小而交流(动态)电阻很大的元件取代"长尾电阻",这就是所谓的恒流源。这时需要分析有关晶体三极管的输出特性,即在放大区,输出特性曲线是一组近似等距而略向上倾斜的平行线,这意味着 U_{CE} 变化很大时而 I_C 却变化很小,所以其动态等效电阻 $R_{eq} = \dfrac{\Delta U_{CE}}{\Delta I_C}$ 很大,但是其直流电阻 $R = \dfrac{U_{CE}}{I_C}$ 却比较小。如图 3-12 所示,图中的下半部分就是这样一种电流源,晶体管 T_3、T_4 组成了所谓的比例电流源,调节 R_{W2} 可以调节 T_3 的电流大小,由于存在较强的电流负反馈,I_{E3} 将十分稳定。

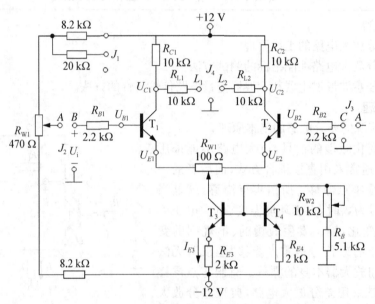

图 3-12 具有恒流源的差分放大器电路原理图

图 3-12 为具有恒流源的差分放大器电路原理图,其中 T_1 与 T_2、T_3 与 T_4 的特性基本相同,电路参数也完全对称。所以该电路能有效抑制温度变化、电源波动等因素引起的等效共模输入,而对差模输入信号具有稳定放大的能力,具有较好的性能指标。电路的信号输入/输出方式包括:单端输入/单端输出、单端输入/双端输出、双端输入/单端输出、双端输入/双端输出 4 种。通过测试实验电路对交流差模信号、直流差模信号和直流共模信号的放大能力的特性,了解差分放大器单端输入/单端输出、单端输入/双端输出时的工作特点。

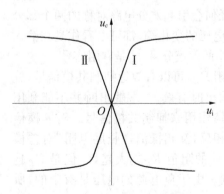

图 3-13 差分放大器的传输特性曲线

差分放大器的传输特性是指电路在差模信号输入时,差分对管的集电极电流 i_c 随输入电压 u_i 变化的规律。由于差分对管 i_c 的变化将引起集电极电压 u_c 线性变化,所以传输特性又可以用 u_c 与 u_i 的关系来描述。传输特性直观地反映了差分放大电路的对称性和工作状态,有助于合理设置静态工作点和调整电路的对称性。

差分放大器的传输特性曲线大体的形状如图 3-13 所示:曲线 I 表示同相输入的传输特性,曲线 II 表示反相输入的传输特性。靠近原点的线性段的斜率反映了差分放大器的放大倍数,随着输入信号的增大,放大倍数进入非线性区,输出逐渐趋于饱和。实验测试电路传输特性的方法可以采用逐点测试法,即逐步改变输入 u_i 的值,测试相应的集电极电压 u_c,然后根据测试的数据描出传输特性曲线。或采用图形测试法,输入 u_i 为周期性的锯齿波信号,示波器采用 X/Y 显示方式,把 u_i 作为示波器的 X 轴扫描信号,示波器的 Y 轴观察集电极电压 u_c,即可在示波器的屏幕上直接观察到电路输入、输出的传输特性曲线图像。

本实验中将学习用图形法测试差分放大器的传输特性曲线。

3.4.3　实验内容及步骤

连接电源,注意极性及幅值,$\pm 12\,\mathrm{V}$ 工作电源的接法如图 3 - 14 所示。

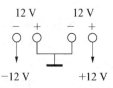

图 3 - 14　$\pm 12\,\mathrm{V}$ 工作电源的接法

注意:电源的地与电路中的地要接通。

1. 零点调节。B、C 输入端首先接地,调节电位器 R_{W1} 使双端输出电压 $U_o = 0\,\mathrm{V}$。

2. 调节静态工作点。调节电位器 R_{W2} 使 $I_{E3} = 1\,\mathrm{mA}$(怎样测量?),测量差分对管 T_1、T_2 中各极对地电压,填入表 3 - 4 中。

表 3 - 4　T_1、T_2 的静态工作点

测量项目	U_{B1}/V	U_{B2}/V	U_{C1}/V	U_{C2}/V	U_{E1}/V	U_{E2}/V
测量数据						

*3. 测试差分放大电路单端输入/单端输出的差模放大倍数。

L_1 接地,负载 $R_L = R_{L1}$,构成单端输出电路。输入端 C 接地、B 端输入频率为 $1\,\mathrm{kHz}$ 的正弦交流信号 U_i(J_2 短路片拔掉)。U_i 的有效值分别等于表 3 - 5 中的各项数值,测量输出电压 U_o 的有效值。计算单端输入/单端输出差模放大倍数 A_u。

表 3 - 5　单端输入/单端输出差模放大倍数(交流信号)

U_i/mV	60	50	40	30	20	10
U_o/V						
$A_u = U_o/U_i$						

4. 测试差分放大电路单端输入/双端输出的差模放大倍数。

L_1 接 L_2,负载电阻 $R_L = R_{L1} + R_{L2}$,构成双端输出电路。通过电位器 R_{Wi} 调节直流信号 U_i。输入端 B 接 A,C 接地,电路输入单端直流差模信号。调节 R_{Wi} 使 u_{id} 分别等于表 3 - 6 中的各项数值,测试相应的双端输出电压 u_{od}($= U_{C1} - U_{C2}$)。计算单端输入/双端输出差模放大倍数平均值 A_{ud}。

表 3 - 6　单端输入/双端输出差模放大倍数(直流信号)

u_{id}/mV	50	40	30	20	10	-10	-20	-30	-40	-50
u_{od}/V										
$A_{ud} = u_{od}/u_{id}$										

5. 测试差分放大电路双端输出时的共模放大倍数。

电路仍为双端输出方式,注意到图 3 - 12 中最右边 J_3 的 A 点和左边 J_2 的 A 点是同一点。

输入端 B、C 同连 A 点,并将 J_1 接成 $8.2\ \text{k}\Omega$ 与 $20\ \text{k}\Omega$ 并联,调节 R_{Wi},输入 $2\ \text{V}$ 的共模直流信号 u_{ic},测试双端共模输出电压 $u_{\text{oc}}=$ _____ V。

计算共模放大倍数 $A_{\text{uc}}=u_{\text{oc}}/u_{\text{ic}}=$ _____。

计算共模抑制比 $\text{CMPR}=A_{\text{ud}}/A_{\text{uc}}=$ _____。

*6. 图形法测试差分放大器的传输特性曲线。

输入 u_i 为周期性的锯齿波信号,示波器采用 X/Y 显示方式,把 u_i 作为示波器的 X 轴扫描信号,示波器的 Y 轴观察集电极电压 u_c,就能在示波器的屏幕上直接观察到差分电路输入、输出的传输特性曲线。

3.4.4　实验设备与器材

双踪示波器,任意波形发生器,数字万用表,直流稳压电源,差分放大电路实验板。

3.4.5　预习内容

1. 复习差分放大电路的工作原理及特点,分析差分放大电路单端输入时,单端输出放大倍数和双端输出的差模放大倍数的关系。

2. 考虑满足实验要求的测试方法。

3. 考虑实验步骤 2 中,怎样通过测电压的方法观察电流 I_{E3} 是否达到 $1\ \text{mA}$?

3.4.6　实验思考题

1. 如果取消电阻 R_{W1},则传输特性曲线可能会有怎样的变化?

2. 实验步骤 4 中,如果输入是 $1\ \text{kHz}$ 交流正弦信号,如何使用示波器相关功能来测试双端输出的差模信号?

3.4.7　实验报告要求

1. 整理实验测试数据。

2. 根据实验数据作差分放大电路单端输入/单端输出和单端输入/双端输出特性曲线于同一坐标中。

3. 根据传输特性曲线求该电路输出电压的线性范围。

4. 回答思考题。

3.5　实验十五　负反馈放大电路

3.5.1　实验目的

1. 了解负反馈放大电路的工作原理及负反馈对放大电路性能的影响。

2. 进一步练习测量放大电路输入电阻、输出电阻和通频带宽度的方法。

3.5.2　实验原理

图 3-15 是两级交流负反馈放大电路,反馈电阻 R_f 跨接在输入、输出回路之间形成两者间反馈通路。当 f 端与 E_x 端相连时,R_f 通过 C_4 接地,交流信号没有反馈作用,电路处于开环状态。当 f 端与 E_y 端相连时,电路闭环。R_f 将输出电压 u_o 的一部分反馈回输入回路

$$u_f = \frac{R_6}{R_6 + R_f} u_o = F u_o \qquad (3-1)$$

式中,F 表示了反馈量的大小,称反馈深度或反馈系数。由于反馈信号直接取自输出电压 u_o,同时 u_f 在输入回路中与输入信号 u_i 串联,变化极性相反,所以本实验电路的反馈类型为电压串联负反馈。

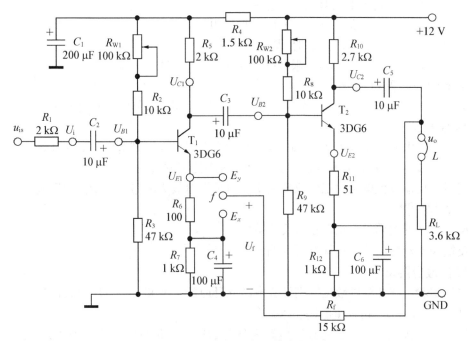

图 3－15　两级交流负反馈放大电路

本实验通过分别测量电路开环和闭环时的放大电路电压放大倍数、输入电阻、输出电阻以及通频带宽度,了解电压串联负反馈对这几项性能指标的影响。

3.5.3　实验内容及步骤

1. 静态工作点的调节

1) 按实验电路要求正确连接工作电源。f-E_x 相连,电路开环;断开 R_L,电路不接负载。

2) u_{is} 输入频率为 1 kHz、有效值为 10 mV 的正弦交流信号。分别调节 R_{W1}、R_{W2},使输出电压达到最大且没有明显失真。按表 3－7 中所要求的各项数据测量并记录各项静态参数。

表 3－7　电路静态参数

测量项目	U_{C1}/V	U_{C1}/V	U_{E1}/V	U_{B2}/V	U_{C2}/V	U_{E2}/V
测量数据						

2. f-E_x 相连,测量开环放大电路的性能

1) 测量任意波形发生器的输出电压有效值 $U_{is}=$ _____ V;

2) 测量开环放大电路的输入电压有效值 $U_i=$ _____ V;

3) 测量开环空载输出电压有效值 $U_{oc}=$ _____ V;

4) 接入负载 R_L,测电路开环带负载时的输出电压有效值 $U_{ol}=$ _____ V;

5) 断开 R_L,测量电路开环空载时,其
下限频率 $f_L=$ _____ Hz,上限频率 $f_H=$ _____ Hz。

3. f-E_y 相连,电路闭环,测量放大电路的闭环性能

1) 测量任意波形发生器的输出电压有效值 $U_{isf}=$ _____ V;

2) 测量闭环放大电路的输入电压有效值 $U_{if}=$ _____ V;

3）测量闭环空载输出电压有效值 $U_{ocf} =$ _____ V;

4）接入负载 R_L，测电路闭环带负载时的输出电压有效值 $U_{olf} =$ _____ V;

5）断开 R_L，测量电路闭环空载时，其

下限频率 $f_{Lf} =$ _____ Hz，上限频率 $f_{Hf} =$ _____ Hz。

3.5.4 实验设备与器材

双踪示波器，任意波形发生器，数字万用表，直流稳压电源，负反馈放大电路实验板。

3.5.5 预习内容

1．复习放大电路电压放大倍数、输入电阻、输出电阻和通频带宽度的概念及计算方法。

2．复习示波器、任意波形发生器和数字万用表的使用方法。

3．复习负反馈放大电路的工作原理及交流负反馈对放大电路性能指标的影响。

3.5.6 实验思考题

1．R_f 的大小对电路的反馈深度有无影响？

2．反馈深度对各项性能指标有无影响？

3.5.7 实验报告要求

1．根据实验步骤 2 测试数据分别计算电路开环时的空载和负载电压放大倍数 A_{uc}、A_{ul}，输入电阻 R_i、输出电阻 R_o 和通频带宽度 Δf。

2．根据实验步骤 3 测试数据计算电路闭环时的空载和负载电压放大倍数 A_{ucf}、A_{ulf}，输入电阻 R_{if}、输出电阻 R_{of} 和通频带宽度 Δf_f。

3．总结电压串联负反馈对放大电路电压放大倍数、输入电阻、输出电阻和通频带宽度等性能的影响。

4．计算反馈深度 F。

5．回答思考题。

3.6 实验十六 集成运算放大器的基本运算电路

3.6.1 实验目的

1．了解基本运算电路的特点和性能。

2．掌握集成运算放大器的线性应用。

3.6.2 实验原理

集成运算放大器是一种高开环增益、高输入电阻、低输出电阻、零点漂移小、抗干扰能力强、可靠性高的通用模拟电子器件。为了简化分析，常常将集成运算放大器电路理想化。若在它的输出端和输入端之间加上足够深的负反馈，并配以少量外围元件（电阻、电容等），就可构成各种不同的运算电路。

1. 反相比例运算电路

图 3-16(a)所示是直流稳压电源的两路输出构成 ±15 V 电源的接法。从图 3-16(b)可以得到 U_{i1} 和 U_{i2} 二路直流电压信号，将用来作为运算电路的输入。

图 3-17 所示为反相比例运算电路，在理想条件下，它的输出电压与输入电压间的关系为

$$U_o = -(R_F / R_1) \times U_i \qquad (3-2)$$

闭环电压放大倍数为

$$A_{uf} = A_{uo} \times F = U_o / U_i = -R_F / R_1 \qquad (3-3)$$

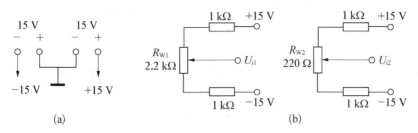

图 3‑16　±15 V 工作电源(a)和输入信号电压的连接(b)

可见此时闭环电压放大倍数 A_{uf} 仅取决于电阻 R_F 及 R_1 的数值。当 $R_F = R_1$ 时,放大器起反相作用,故又称反相器。

此时集成运算放大器同相端所接电阻为平衡电阻。加入平衡电阻是为了保持运算放大器同相输入端和反相输入端的静态输入电流尽量对称。静态时同相端和反相端输入信号电压均为 0 V,输出电压也应等于 0 V,均相当于接地。由于负电源 U_{EE} 的正端也接地,两个输入端都有很小的静态电流流入,此时输出端也有一电流经反馈电阻 R_F 流入反相输入端,故反馈电阻 R_F 和连接反相端的其他电阻是并联关系。为了使两个输入端的静态电流相等,应尽可能使两个输入端各自的总等效电阻相等,因此图

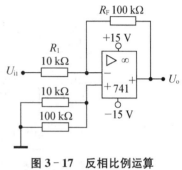

图 3‑17　反相比例运算电路

3‑17 中运算放大器同相端的平衡电阻应等于反相端电阻 R_1 与反馈电阻 R_F 的并联。

2. 反相加法运算电路

图 3‑18 所示为反相加法运算电路。它可有 N 个输入端,能够对 N 个电压输入信号进行代数相加运算。在仅有 2 个输入的情况下,输出电压与输入电压之间的关系为

$$U_o = -(U_{i1}/R_1 + U_{i2}/R_2) \times R_F \tag{3-4}$$

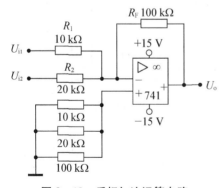

图 3‑18　反相加法运算电路

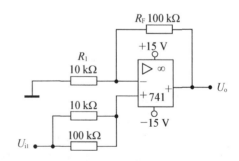

图 3‑19　同相比例运算电路

3. 同相比例运算电路

图 3‑19 所示为同相比例运算电路。在理想条件下,它的输出电压与输入电压之间的关系为

$$U_o = (1 + R_F/R_1) \times U_i \tag{3-5}$$

如果 R_1 等于无穷大或 R_F 等于零,则此时 $U_o = U_i$,即输出电压等于输入电压,则称该电路为同相跟随器或电压跟随器。

4. 减法运算电路

图 3-20 为减法运算电路。若 $R_1 = R_2$,$R_3 = R_F$,则它的输出电压与输入电压之间的关系为

$$U_o = R_F / R_1 \times (U_{i2} - U_{i1}) \tag{3-6}$$

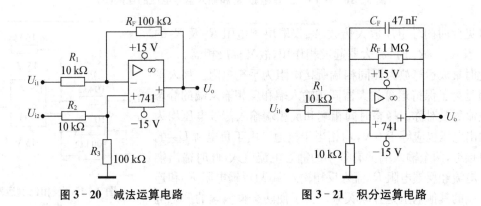

图 3-20　减法运算电路　　　　图 3-21　积分运算电路

5. 积分运算电路

图 3-21 所示为积分运算电路。它的输出电压与输入电压间的关系近似为

$$U_o = -\frac{1}{R_1 C_F} \int U_i \mathrm{d}t \tag{3-7}$$

增加电阻 R_F 是为了使电路更加稳定。

6. 微分运算电路

图 3-22 所示为微分运算电路。它的输出电压与输入电压间的关系近似为

$$U_o = -R_F C_1 \frac{\mathrm{d}U_i}{\mathrm{d}t} \tag{3-8}$$

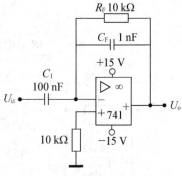

图 3-22　微分运算电路

3.6.3　实验内容及步骤

1. 反相比例运算电路

1）±15 V 工作电源的接法如图 3-16(a)所示。

注意：电源的地线与电路中的地线要接通。

2）电路调零

所有输入电阻接地($U_i = 0$)。即按图 3-16(a)、图 3-17 连接电路,U_{i1} 接地。给运算放大器加上 ±15 V 工作电源,注意不能接错极性。用小螺丝刀调节调零电位器,使输出电压 U_o 为零或者接近零(零点调好后不可随便变动调零电位器)。

3）按图 3-16、图 3-17 连接反相比例运算电路,调节电位器 R_{W1} 使反相输入端的输入信号电压 U_{i1} 如表 3-8 所示,测试并记录相应的输出电压 U_o,计算反相电压放大倍数。

表 3-8   反相比例运算数据表

U_{i1}/V	+0.4	+0.2	+0.1	−0.1	−0.2	−0.4
U_o/V						
A_u						
A_u平均值						
A_u计算值						

*4)撤除直流输入信号,重新输入一个 $f=1\,kHz$,有效值 $U_i=50\,mV$ 的正弦交流信号,测量输出电压并用示波器观察波形。$U_o=$＿＿＿＿＿V,定量画出输出波形。

注意:正弦交流信号直接从输入电阻输入,切勿与直流信号短路。

＊2. 反相加法运算电路

按图 3-16、图 3-18 连接反相运算电路,调节电位器 R_{W1} 和 R_{W2} 使反相加法运算放大器的输入信号电压 U_{i1}、U_{i2} 如表 3-9 所示,测试并记录相应的输出电压 U_o,计算理论值。

注意:在反相加法器电路中,U_{i1}、U_{i2} 之间互相影响,要反复测量和调节。

表 3-9   反相加法运算数据表

次　序	U_{i1}/V	U_{i2}/V	U_o/V	U_o/V(计算值)
1	+0.2	+0.3		
2	+0.2	−0.1		
3	−0.4	−0.1		

3. 同相比例运算电路

按图 3-16、图 3-19 连接同相比例运算电路,调节电位器 R_{W1} 使同相输入端的输入信号电压 U_{i1} 如表 3-10 所示,测试并记录相应的输出电压 U_o 于表 3-10 中,计算同相电压放大倍数。

表 3-10   同相比例运算数据表

U_{i1}/V	+0.4	+0.2	+0.1	−0.1	−0.2	−0.4
U_o/V						
A_u						
A_u平均值						
A_u计算值						

4. 减法运算电路(又称差动运算电路)

按图 3-16、图 3-20 连接减法运算电路,调节电位器 R_{W1} 和 R_{W2} 使减法运算放大器的输入信号电压 U_{i1}、U_{i2} 如表 3-11 所示,测试并记录相应的输出电压 U_o,计算理论值。

表 3-11   减法运算数据表

次　序	U_{i1}/V	U_{i2}/V	U_o/V	U_o/V(计算值)
1	+0.2	+0.3		
2	+0.2	−0.1		
3	−0.4	−0.1		

注意：在减法运算电路中，U_{i1}、U_{i2}之间互相影响，要反复测量U_{i1}、U_{i2}，反复调节电位器R_{W1}和R_{W2}。

　*5. 积分运算放大器电路

按图 3-21 所示的电路连接积分运算电路，输入信号U_{i1}由任意波形发生器方波输出，频率为 1 kHz，幅值为 5 V，占空比为 50%，用示波器观测输入、输出信号并用两种不同颜色的笔描绘在坐标纸上。

3.6.4　实验设备与器材

双踪示波器，任意波形发生器，数字万用表，直流稳压电源，电工电子基本模块系统。

3.6.5　预习内容

1. 复习运算放大器特点及基本运算电路的工作原理。

2. 掌握基本运算电路输入平衡电阻的计算方法。

3. 掌握运算放大器电路的 4 种基本输入方式(反相、加法、同相、减法)。熟悉反相比例运算放大器、反相加法运算放大器、同相比例运算放大器、减法运算放大器的电路构成。

4. 理解积分运算电路和微分运算电路的原理，熟悉积分运算电路的构成。

3.6.6　实验思考题

为什么在减法运算电路中，U_{i1}、U_{i2}之间的调节互相有影响？试运用学过的电路和电子学知识分析之。

3.6.7　实验报告要求

整理各项测试的记录数据，并将根据各运算电路的参数计算理论值与实验结果比较，分析误差原因。

3.7　实验十七　集成运算放大器的非线性应用

3.7.1　实验目的

1. 了解集成运算放大器的非线性应用，掌握单限电压比较器的功能。

2. 理解滞回电压比较器的工作原理，了解其应用。

3.7.2　实验原理

电压比较器是对电压幅值进行比较的电路。它是集成运算放大器非线性应用的基础。集成运算放大器工作在非线性区时，通常工作在开环或者正反馈情况下，输入信号为模拟量而输出信号为数字量。单限电压比较器(电路如图 3-23 所示)是将输入电压信号U_i与某个参考电压U_R进行比较的电路，输入电压信号U_i和参考电压(基准电压)U_R分别接到运算放大器的两个输入端而整个电路开环；双限电压比较器(电路如图 3-24 所示)又称滞回电压比较器、施密特触发器，是利用正反馈改变运算放大器同相输入端的比较电压U_+的大小，从而提高了电路的抗干扰能力以及输出波形的前后沿陡度。

3.7.3　实验内容及步骤

　1. 单限电压比较器

按图 3-23 所示的电路接线。D_Z是双向稳压二极管。输入电压信号U_i为有效值$U_i=2$ V、频率为 1 kHz 的正弦波。参考电压(基准电压)U_R分别为 0 V 和 ±1.5 V 时，用双踪示波器同时观察U_i和U_o波形，并用不同颜色的笔绘制在坐标纸上。

　2. 滞回电压比较器

按图 3-24 所示的电路接线。$R_1=R_2=30$ kΩ，$R_3=1$ kΩ，$R_F=100$ kΩ，$D_Z=2$DW7，输

入电压信号 U_i 为有效值 $U_i = 4\ V$、频率为 $1\ kHz$ 的正弦波。参考电压（基准电压）U_R 分别为 $0\ V$ 和 $\pm 1.5\ V$ 时，用双踪示波器同时观察 U_i 和 U_o 波形，测量滞回电压比较器翻转前后同相输入端的电压 U_+' 和 U_+''，并用不同颜色的笔绘制在坐标纸上。

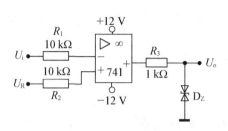

图 3-23　单限电压比较器

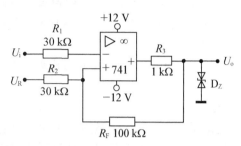

图 3-24　滞回电压比较器

3.7.4　实验设备与器材

双踪示波器，任意波形发生器，数字万用表，直流稳压电源，电工电子基本模块系统。

3.7.5　预习内容

1. 复习运算放大器非线性应用特点及电压比较器的工作原理。

2. 复习滞回电压比较器的工作原理，同相输入端的翻转电压 U_+' 和 U_+'' 的计算方法。

3.7.6　实验思考题

如果在图 3-23 中，将输入电压信号 U_i 和参考电压（基准电压）U_R 的位置对调，对输出电压会有什么影响？

3.7.7　实验报告要求

1. 整理各项测试的记录数据，并根据各运算电路的参数计算理论值与实验结果比较，分析误差原因。

2. 根据实验步骤 2 的结果，在图 3-25 中分别画出滞回电压比较器的波形图（输入和输出用两种不同颜色表示）和电压传输特性。

3. 回答思考题。

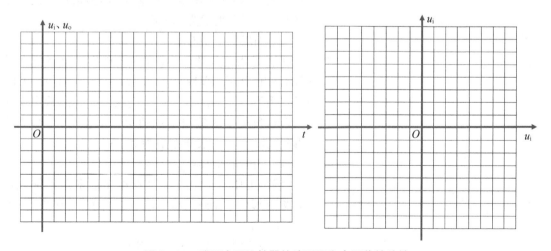

图 3-25　滞回电压比较器的波形图和电压传输特性

3.8 实验十八 逻辑门电路的测试及应用

3.8.1 实验目的

1. 掌握常用逻辑门电路的逻辑符号及逻辑功能。

2. 了解 74LS 系列 TTL 门电路基本参数和特性。学习 TTL"与非"门的电压传输特性和逻辑功能的测试方法。

3. 学会分析用 SSI(小规模集成电路)逻辑门构成的组合逻辑电路。

4. 学习用 SSI 设计组合逻辑电路。

3.8.2 实验原理

门电路是数字电路中最基本的单元。门电路的输出与输入存在一定的逻辑关系,故又被称为逻辑门电路。最基本的门电路是"与"门、"或"门和"非"门。基本门电路经组合可构成各种复合门电路,例如:"与非"门、"或非"门、"与或非"门、"异或"门、"同或"门等。

数字电路的基本单元和部件,包括各种逻辑门电路,早已集成化,并且有多种不同的制造工艺。典型的是 TTL(晶体管-晶体管逻辑)和 CMOS(互补金属氧化物半导体场效应管)制造工艺。TTL 门电路工作速度高,带负载能力强,不易损坏,实验中使用较多的是 74LS 系列,其电源电压为 +5 V。用 CMOS 工艺制成的集成电路电源范围宽为 3~18 V,抗干扰能力强,功耗小,非常省电,经多年技术改进,CMOS 芯片的工作速度已达到与 TTL 相当的水平,但其输出电流较小。

1. TTL"与非"门的电压传输特性

电压传输特性是指门电路的输出电压 U_o 与输入电压 U_i 之间的关系。以 TTL"与非"门为例,其测试方法是:将待测"与非"门的一个输入端的电压从零逐渐增大,其余输入端接高电平,记录输入、输出电压的值,描绘在坐标纸上,得到用图形表示的电压传输特性,如图 3-26 所示。

从电压传输特性图中可以认识以下几个重要参数:

1) 输出高电平 U_{OH}

U_{OH} 是指有一个以上的输入端为低电平,输出端开路时的输出电平,即特性曲线 ab 段的电压值,TTL 74LS 系列规定 $U_{OH} \geqslant 2.7$ V。负载轻(输出电流小)时实际输出电压值较高,负载重(输出电流大)时输出电压值会下降,但最低不能低于 2.7 V。一般典型值为 3.6 V。

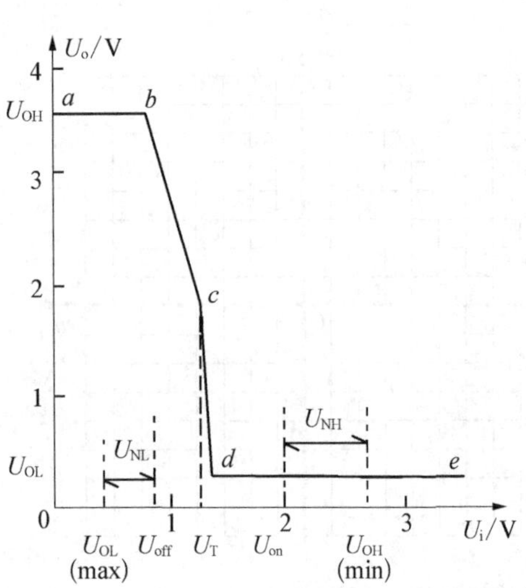

2) 输出低电平 U_{OL}

U_{OL} 是指输入端全为高电平,输出端接额定负载时的输出电平,即特性曲线 de 段的电压值,TTL 74LS 系列规定 $U_{OL} \leqslant 0.5$ V,负载轻时实际输出电压值较低,负载重时输出电压值会略有上升,但最高不能高于 0.5 V。一般典型值为 0.3 V。

3) 阈值电压 U_T

输出电压从高电平转为低电平所对应的输入电压,称为阈值电压或门槛电压,用 U_T 表示,在图 3-26 中,$U_T = 1.2 \sim 1.3$ V。

4) 关门电平 U_{off} 和开门电平 U_{on}

在保证输出为"1"(高电平)时所允许的最大输入

图 3-26 TTL"与非"门电压传输特性

低电平电压(U_{ILmax}),称为关门电平 U_{off},TTL 74LS 系列规定 U_{off} 为 0.8 V。在保证输出为"0"(低电平)时所允许的最小输入高电平电压(U_{IHmin}),称为开门电平 U_{on},TTL 74LS 系列规定 U_{on}为 2.0 V。

5) 噪声容限(Noise Margin)

逻辑门电路在实际应用中,往往前级门的输出就是后级门的输入。门电路的输入端常常会出现干扰电压,又称噪声电压(Noise Voltage)。通常我们把不至于破坏门电路输出逻辑状态所允许的最大干扰电压值叫作噪声容限。噪声容限越大,说明抗干扰能力越强。

$U_{NH}=U_{OHmin}-U_{on}$ 为输入高电平噪声容限,对于 TTL 74LS 系列,$U_{NH}=2.7-2.0=0.7$ V。同样地,$U_{NL}=U_{off}-U_{OLmax}$ 为输入低电平噪声容限,对于 TTL 74LS 系列,$U_{NL}=0.8-0.5=0.3$ V。

6) 扇出系数 N

扇出系数是指一个门电路在保证一定的输出电平的前提下,能够带的同类门电路的最大数目。通常对 TTL 74LS 系列门电路,N 大于 8,对 CMOS 电路,N 可以更大。

2. 数字集成电路使用常识

1) 引脚识别和芯片介绍

本实验所用的 74LS00 和 74LS86 均为双列直插式塑料封装(DIP),共有 14 个引脚(14pin)。从上方看下去,正面印有集成电路的型号。将半圆形凹口向上(若无半圆形凹口,则在左上角有一圆点记号),左上角起为 1 脚,逆时针方向逐脚升序递增直到右上角的 14 脚,引脚排列如图 3-27 所示。U_{CC}接电源+5 V,地 GND 接电源负端。切记电源不可接反,如果电源接反,可能会烧坏芯片。

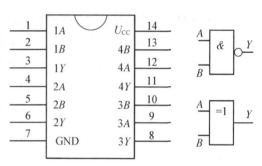

图 3-27　74LS00、74LS86 引脚排列

74LS00 内部有 4 个独立的 2 输入端的"与非"门,74LS86 内部则是 4 个独立的 2 输入端的"异或"门,对其中任意一个门,A、B 为输入端,Y 为输出端。前级数字代表门的序号。电源 U_{CC} 和地 GND 是 4 个门共用的。在电路逻辑图中,电源 U_{CC} 和地 GND 一般均省略不画。

2) 空余端处理

根据电路逻辑,TTL 电路空余输入端悬空,相当于输入逻辑高电平。但是输入端悬空容易受到干扰,故建议空余输入端接固定电平(CMOS 电路空余输入端不允许悬空):若为"与"门、"与非"门,空余输入端应接高电平。即直接接 U_{CC},或经电阻接 U_{CC}。若为"或"门、"或非"门,空余输入端应接低电平,即直接接地 GND。由于 $A \cdot A=A$、$A+A=A$,故不论是"与"门、"与非"门、"或"门、"或非"门,若前级门的驱动能力足够,空余输入端均可与同一逻辑门的已使用的某个输入端并联。

非 OC 门电路输出端不要直接接 U_{CC},也不要直接接地。不用的输出端可以悬空。

3. 基于 SSI 的组合逻辑电路的分析和设计流程

分析流程:根据逻辑图,逐级写出逻辑关系表达式,运用逻辑代数进行化简和转换(也可使用卡诺图进行化简),然后列出真值表,分析输入、输出逻辑变量间的逻辑关系,最后结合背景信息,确定其逻辑功能。

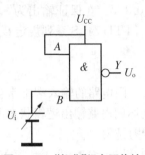

图 3-28 "与非"门电压传输特性测试

设计流程：根据题目要求的逻辑功能，确定输入、输出逻辑变量及其取值定义，列出真值表，写出逻辑关系表达式，运用逻辑代数知识进行化简，结合题目要求的或实际使用的逻辑门电路的类型进行必要的转换，最后画出逻辑图。

3.8.3 实验内容及步骤

*1. TTL 74LS00"与非"门电压传输特性测试

将 TTL"与非"门电路按如图 3-28 所示的电路接线。调节输入电压 U_i，测量并记录输出电压 U_o。填入表 3-12 中，并绘在坐标纸上。

表 3-12　TTL"与非"门电压传输特性测试表

U_i/V	0.5	0.7	0.9	1.0	1.1	1.2	1.3	1.4	1.5	1.6	1.8	2.0	3.5
U_o/V													

*2. TTL 74LS00"与非"门逻辑功能测试

1) 将"与非"门输入端 A、B 分别接逻辑开关 K_1、K_2，输出端 Y 接发光二极管 L，令输入端 A、B 的状态分别为 00、01、10、11（高电平为 1），记录对应的输出端 Y 的逻辑状态（灯亮为 1），填入表 3-13 左栏中。

表 3-13　TTL"与非"门逻辑功能测试表

输　入		输　出	输　入	输　出	输　入	输　出
$A = K_1$	$B = K_2$	Y（电平）	$B = 1\,kHz$ 方波	Y（波形）	$A = 1$	Y（电平）
0	0		$A = 1$		B 经 200 Ω 接地	
0	1					
1	0		$A = 0$		B 经 10 kΩ 接地	
1	1					

2) 将"与非"门任一输入端（设为 A）接逻辑开关 K，另一输入端（设为 B）接频率为 1 kHz 的 TTL 方波。用示波器观察并记录输入输出波形，填入表 3-13 中间栏中。

3) 将"与非"门任一输入端（设为 A）悬空，另一输入端（设为 B）分别经 200 Ω 和 10 kΩ 电阻接地，输出端 Y 接发光二极管 L，观察并记录相应的输出状态，填入表 3-13 右栏中。

3. 组合逻辑电路分析

按如图 3-29 所示的逻辑图和相应的集成电路芯片管脚图连线。

电路输入端 A、B、C 连接数字逻辑实验箱的逻辑电平开关，电路输出端 S、C_o 连接数字逻辑实验箱的发光二极管；将芯片的 U_{CC} 端接 +5 V 电源的正极性端，地 GND 接电源的负极性端，打开数字逻辑实验箱的电源开关。

根据逻辑开关和发光二极管的状态分别测试各输出端的逻辑状态填入表 3-14 中，并与预习时所列逻辑真值表进行比较，写出输出逻辑表达式，并分析这个电路具有什么逻辑功能？

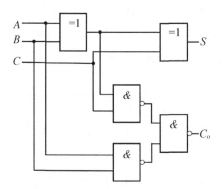

图 3‑29　由逻辑门构成的组合逻辑实验电路

表 3‑14　组合逻辑实验电路真值表

A	B	C	S	C_0

4. 用 2 片 4‑2 输入"与非"门 74LS00 设计一个三人表决器

三人对某事项进行投票表决,赞成为"1",不赞成为"0"。若赞成票数过半,事项通过为"1",否则为"0"。

列出真值表,写出逻辑表达式,并转化成全部为 4‑2 输入"与非"—"与非"式。根据 74LS00 的引脚排列画出逻辑图,并在图上标出引脚号码。用数字逻辑实验箱的电平开关作为输入,发光二极管作为输出,连接电路并验证。

3.8.4　实验设备与器材

数字电路实验箱,74LS00,74LS86,双踪示波器。

3.8.5　预习内容

1. 复习逻辑代数的基本公式和基本定理。

2. 认真阅读有关数字电路实验箱的使用方法。

3. 根据图 3‑29 的实验电路逻辑图列出其真值表,并写出逻辑表达式。

4. 复习用 SSI(小规模集成电路)构成的组合逻辑电路的设计步骤。

3.8.6　实验思考/设计题

1. 试仅用 4‑2 输入"与非"门设计与图 3‑29 功能相同的逻辑电路,并画出逻辑图。

2. 试仅用 4‑2 输入"或非"门 74LS02 设计一个三人表决器,写出逻辑表达式,并画出逻辑图。

3.8.7　实验报告要求

1. 根据图 3‑29 实验电路的真值表,写出逻辑表达式,并分析其逻辑功能。

2. 在实验思考/设计题中选做一题。

3.9　实验十九　编码器、译码器和数据选择器的应用

3.9.1　实验目的

1. 熟悉编码器、译码器和数据选择器的逻辑功能和应用特点。

2. 学习利用多一译码器和数据选择器实现指定逻辑函数。

3.9.2　实验原理

1. 芯片介绍

1) 74LS148

它是 8‑3 线优先编码器,其功能表如表 3‑15 所示。它可以对 8 个开关量输入进行 3 个

二进制编码。所谓优先编码,是指如果输入的开关量中有两个或两个以上的输入同时有效,则芯片将按照确定的优先顺序(下标排序),只对其中优先权最高的一个输入进行编码。

表 3-15　8-3 线优先编码器 74LS148 功能表

输　　　　入									输　　　出				
$\overline{ST}$	$\overline{I}_0$	$\overline{I}_1$	$\overline{I}_2$	$\overline{I}_3$	$\overline{I}_4$	$\overline{I}_5$	$\overline{I}_6$	$\overline{I}_7$	$\overline{Y}_2$	$\overline{Y}_1$	$\overline{Y}_0$	$\overline{Y}_{EX}$	$\overline{Y}_S$
H	X	X	X	X	X	X	X	X	H	H	H	H	H
L	H	H	H	H	H	H	H	H	H	H	H	H	L
L	X	X	X	X	X	X	X	L	L	L	L	L	H
L	X	X	X	X	X	X	L	H	L	L	H	L	H
L	X	X	X	X	X	L	H	H	L	H	L	L	H
L	X	X	X	X	L	H	H	H	L	H	H	L	H
L	X	X	X	L	H	H	H	H	H	L	L	L	H
L	X	X	L	H	H	H	H	H	H	L	H	L	H
L	X	L	H	H	H	H	H	H	H	H	L	L	H
L	L	H	H	H	H	H	H	H	H	H	H	L	H

H:高电平　　　L:低电平　　　X:任意

74LS148 有 16 个引脚,如图 3-30(a)所示。除去电源 U_{CC} 和地 GND,还有 8 个开关量输入 $\overline{I}_0 \sim \overline{I}_7$,选通输入端 $\overline{ST}$,3 个编码输出 $\overline{Y}_0 \sim \overline{Y}_2$,选通输出端 $\overline{Y}_S$ 和扩展输出端 $\overline{Y}_{EX}$。 选通输入 $\overline{ST}$ 等于使能,选通输出 $\overline{Y}_S$ 在多片 74LS148 级联时传递选通信号。扩展输出信号 $\overline{Y}_{EX}$ 的实际意义是输出编码有效。需要注意的是,74LS148 的所有输入输出均为低电平有效。

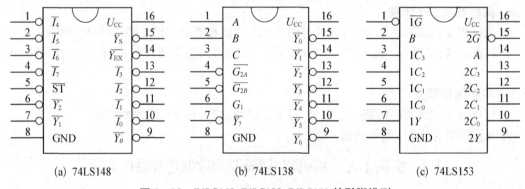

(a) 74LS148　　　　　(b) 74LS138　　　　　(c) 74LS153

图 3-30　74LS148、74LS138、74LS153 的引脚排列

2) 74LS138

它是 3-8 线译码器,也有 16 个引脚,如图 3-30(b)所示,其功能表如表 3-16 所示。除去电源 U_{CC} 和地 GND,还有 8 个开关量输出 $\overline{Y}_0 \sim \overline{Y}_7$,低电平有效。3 个译码输入(也有资料称为地址输入)C、B、A,其中 C 为高位,A 为低位。还有 3 个使能端:G_1 为高电平有效,而 $\overline{G}_{2A}$、$\overline{G}_{2B}$ 为低电平有效。

表 3-16　3-8 线译码器 74LS138 功能表

输入					输出							
G_1	$\overline{G_2}$	C	B	A	$\overline{Y_0}$	$\overline{Y_1}$	$\overline{Y_2}$	$\overline{Y_3}$	$\overline{Y_4}$	$\overline{Y_5}$	$\overline{Y_6}$	$\overline{Y_7}$
X	H	X	X	X	H	H	H	H	H	H	H	H
L	X	X	X	X	H	H	H	H	H	H	H	H
H	L	L	L	L	L	H	H	H	H	H	H	H
H	L	L	L	H	H	L	H	H	H	H	H	H
H	L	L	H	L	H	H	L	H	H	H	H	H
H	L	L	H	H	H	H	H	L	H	H	H	H
H	L	H	L	L	H	H	H	H	L	H	H	H
H	L	H	L	H	H	H	H	H	H	L	H	H
H	L	H	H	L	H	H	H	H	H	H	L	H
H	L	H	H	H	H	H	H	H	H	H	H	L

$\overline{G_2} = \overline{G_{2A}} + \overline{G_{2B}}$　　H：高电平　　L：低电平　　X：任意

3) 74LS153

它是双四选一数据选择器,也有 16 个引脚,如图 3-30(c)所示。它分成完全相同的 2 个数据选择器,分别冠以前缀 1 或 2。$\overline{G}$ 为使能端,低电平有效。$D_0 \sim D_3$ 为数据输入端,Y 为数据输出端。B、A 是两个选择器共同的选择端:BA 分别等于 00、01、10、11 时,Y 对应接通 D_0、D_1、D_2、D_3。每个部分相当于一个单刀四掷开关,故数据选择器又叫多路选择器或多路开关。B、A 控制 Y 接通 D_0、D_1、D_2、D_3 中的一路。数据选择器的等效功能图如 3-31 所示,其功能表如表 3-17 所示。

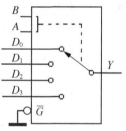

图 3-31　数据选择器的等效功能图

表 3-17　双四选一数据选择器 74LS153 功能表

输入							输出
$\overline{G}$	B	A	D_0	D_1	D_2	D_3	Y
H	X	X	X	X	X	X	L
L	L	L	L	X	X	X	L（D_0）
L	L	L	H	X	X	X	H（D_0）
L	L	H	X	L	X	X	L（D_1）
L	L	H	X	H	X	X	H（D_1）
L	H	L	X	X	L	X	L（D_2）
L	H	L	X	X	H	X	H（D_2）
L	H	H	X	X	X	L	L（D_3）
L	H	H	X	X	X	H	H（D_3）

H：高电平　　L：低电平　　X：任意

从 74LS153 的功能表可以看出,在使能端 $\overline{G}$ 为低电平有效时,输出 Y 的逻辑表达式为

$$Y=(\overline{B}\,\overline{A})D_0+(\overline{B}A)D_1+(B\overline{A})D_2+(BA)D_3 \qquad (3-9)$$

2. 译码编码实验电路图

译码编码实验电路图如图 3-32 所示。

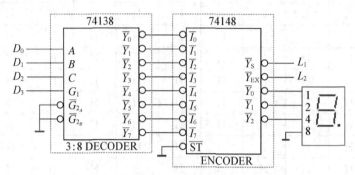

图 3-32 译码编码实验电路图

3.9.3 实验内容及步骤

1. 按图 3-32 所示的电路接线,$D_0 \sim D_3$ 接数字电路实验箱的电平按键开关,输出 L_1、L_2 接发光二极管,3 位编码输出 $\overline{Y}_0 \sim \overline{Y}_2$ 分别接中部带译码器的数码管 1、2、4 输入端,数码管 8 输入端接地。数电实验箱内部已经为这两个数码管设计连接了译码驱动电路,只要将 4 个二进制码接入就可显示 16 进制数 $0 \sim F$。

2. D_3 接高电平,D_2、D_1、D_0 依次置入 $000 \sim 111$,观察数码管显示。记录此时的 $\overline{Y}_{EX}$ 和 $\overline{Y}_S$。然后重新将 D_2、D_1、D_0 置入 011,将 $\overline{I}_6$ 连接到 $\overline{Y}_6$ 的导线 74LS138 输出端的一头拔出,改为接地,观察数码管显示,将结果填入表 3-18 中。

表 3-18 译码编码实验记录表

输　　　入					输　　　出		
D_3	D_2	D_1	D_0	$\overline{I}_6$	显示数码	$\overline{Y}_{EX}$	$\overline{Y}_S$
1	0	0	0	—			
1	0	0	1	—			
1	0	1	0	—			
1	0	1	1	—			
1	1	0	0	—			
1	1	0	1	—			
1	1	1	0	—			
1	1	1	1	—			
1	0	1	1	接地			
0	X	X	X	—			

3. D_3 改接低电平,观察数码管显示,记录此时的 $\overline{Y}_{EX}$ 和 $\overline{Y}_S$。将结果填入表 3 − 18 中。

*4. 用数据选择器配以少量逻辑门可以实现任意逻辑函数。例如,对于前面实验中提到的三人表决器,也可用数据选择器 74LS153 实现。设计过程如下:

用数据选择器 74LS153 实现三人表决器。设有 a、b、c 三人就某事项进行投票表决:赞成为"1",不赞成为"0",表决结果 Y 为 1 则事项通过。

1) 列真值表,如图 3 − 33(a)所示。因为 74LS153 的选择端 B 是高位,故可按 a 接 A,b 接 B,c 从数据输入端 $D_0 \sim D_3$ 输入。

2) 将 Y 的值填入卡诺图,如图 3 − 33(b)所示。观察卡诺图每一列:因为四列分别对应 $ba=00$、01、11、10,而上一行对应于 $\bar{c}$,下一行对应于 c。观察第一列上下格都有 $Y=0$,所以 $D_0=0$。第二列 $ba=01$,对应于 $Y=D_1$。上格 $Y=0$,下格 $Y=1$,故 $D_1=c$。第三列 $ba=11$,对应于 $Y=D_3$。上下格都有 $Y=1$,所以 $D_3=\bar{c}+c=1$。第四列 $ba=10$,内容同第二列,故 $D_2=D_1=c$。

3) 最后用 74LS153 的一半实现上述逻辑,接线图如图 3 − 33(c)所示。

4) 输入逻辑变量与数据选择器输入端的连接可以有不同的方案。比如,可以将输入变量 bc 分别连接到 74LS153 的选择端 BA,输入变量 a(或 a 的反变量 0、1)则从数据端 $D_0 \sim D_3$ 输入。此时虽然设计结果不同,但设计方法和最终功能是一样的。

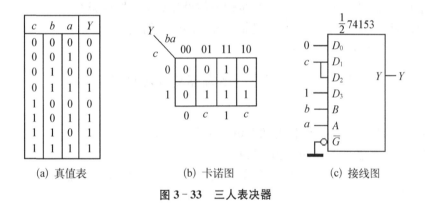

(a) 真值表　　　　(b) 卡诺图　　　　(c) 接线图

图 3 − 33　三人表决器

请仿照上例,用一片 74LS153 和少量逻辑门设计并实现一位全减器。一位全减器有 3 个输入变量,即被减数 M,减数 S,低位向本位的借位 B;2 个输出变量,即本位差 D 和本位向高位的借位 Bo。

*5. 同样,用译码器和"与非"门也能实现任意逻辑函数,比如对于三人表决器,以 cba 作为输入变量的位序,可以写出其最小项之和的表达式。根据图 3 − 33(a)所示的真值表,可以列出

$$Y=\bar{c}ba+c\bar{b}a+cb\bar{a}+cba$$
$$=m_3+m_5+m_6+m_7$$
$$=\overline{\overline{m_3}\ \overline{m_5}\ \overline{m_6}\ \overline{m_7}} \tag{3-10}$$

于是,可以用一片 74LS138 和一片 74LS20 双四输入"与非"门实现三人表决器。因为 74LS138 的 8 个输出就是 $\overline{Y}_0 \sim \overline{Y}_7$,也就是三变量最小项的"非":$\overline{m}_0 \sim \overline{m}_7$,从中选取第 3、5、6、7 项,再接到一个四输入"与非"门,就实现了所需的逻辑。

同样请仿照上例,用一片 74LS138 和一片 74LS20 设计并实现一位全减器。

注意:用 74LS138 或 74LS153 加少量逻辑门设计组合电路时,对变量的位序一定要有足够的重视,否则很容易出错。

3.9.4　实验设备与器材

数字电路实验箱,74LS148,74LS138,74LS153,74LS20。

3.9.5　预习内容

1. 复习 74LS148、74LS138、74LS153 的逻辑功能,看懂功能表。

2. 复习用译码器、"与非"门和数据选择器等实现任意逻辑函数的方法。

3.9.6　实验思考/设计题

1. 如何将 2 片 74LS148 级联组成 16 - 4 线编码器(可以添加少量逻辑门)?请画出逻辑图。

2. 如何将 2 片 74LS138 级联组成 4 - 16 线译码器(可以添加少量逻辑门)?请画出逻辑图。

3. 如何将 74LS153 的 2 个四选一数据选择器改成 1 个八选一数据选择器?请画出逻辑图。

3.9.7　实验报告要求

1. 根据表 3 - 18,总结 74LS138、74LS148 的逻辑功能,解释什么是优先编码器。

2. 如果你弄懂了实验步骤 4 和 5 的内容,请分别画出:

　1)用数据选择器 74LS153 加上少量逻辑门设计的全减器逻辑图。

　2)用译码器 74LS138 加上少量逻辑门设计的全减器逻辑图。

3. 在实验思考/设计题中选做一题。

3.10　实验二十　触发器功能测试及应用

3.10.1　实验目的

1. 验证基本 RS、D、JK 触发器的逻辑功能和触发特性。

2. 了解各种类型触发器之间的相互转换。

3. 学会用 D 触发器和 JK 触发器构成串行进位计数器和移位寄存器。

3.10.2　实验原理

数字电路可以分为组合逻辑电路和时序逻辑电路两大类。时序逻辑电路的特点是其任一时刻的输出不但与当时的输入有关,而且与电路在该时刻以前的输入有关,即时序逻辑电路具有记忆功能,或者说时序逻辑电路可以存储信息。双稳态触发器(Flip - Flop,FF)就是组成时序逻辑电路中存储部分的基本单元。它有两个互补的输出端 Q 和 $\overline{Q}$。当 $Q=0$、$\overline{Q}=1$ 时称触发器为"0"状态;当 $Q=1$、$\overline{Q}=0$ 时称触发器为"1"状态,在触发器没有新的输入信号时,能保持原来的状态不变。

根据其逻辑功能的不同,触发器又分为 RS、D、JK、T、T' 等各种类型。

触发器的触发方式主要有电平触发、边沿触发两类。锁存器由电平触发的触发器构成,而寄存器必须由边沿触发的触发器构成。

各种类型的触发器之间功能转换:

当需要将某种类型的触发器转换成另一种类型的触发器时,可以通过添加适当的门电路来实现,有时候只需要在触发器的输入端加上适当的连线或加上适当的电平。

欲将 JK 触发器转换成 T 触发器,只需令 $J=K=T$,将 JK 两端连在一起作为 T 端。

欲将 JK 触发器转换成 D 触发器,只需令 $K=\bar{J}$,在 JK 之间接一个"非"门,并将 J 作为 D 端。

欲将 D 触发器转换成 T' 触发器,只需令 $D=\bar{Q}$,即将 $\bar{Q}$ 连到 D 端。

注意:触发器功能转换并未改变触发边沿。

3.10.3　实验内容及步骤

1. 验证基本 RS、D、JK 触发器的逻辑功能

1) 基本 RS 触发器

用两个"与非"门可以构成基本 RS 触发器,其逻辑图及逻辑符号如图 3-34 所示,请用"与非"门按图连线并按表 3-19 中的各项数据给予 $\bar{R}$、$\bar{S}$ 端适当的电平,根据实际操作结果填写其逻辑功能特性表(表 3-19)。其中表格第五行到第六行两个输入端的 0 到 1 的转换要同时完成,并多做几次,观察每次的结果是否一致。

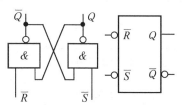

图 3-34　基本 RS 触发器的逻辑图及其逻辑符号

表 3-19　基本 RS 触发器的逻辑功能特性表

$\bar{R}$	$\bar{S}$	Q	$\bar{Q}$	功能
0	1			
1	1			
1	0			
1	1			
0	0			
1	1			

2) D 触发器

上升沿触发的 D 触发器的逻辑符号如图 3-35(a)所示,$\overline{PR}$ 和 $\overline{CLR}$ 分别代表直接置位和直接复位信号,即分别相当于 $\bar{S}_D$ 和 $\bar{R}_D$,低电平有效。D 触发器的逻辑功能也可用特征方程表示,即 $Q_{n+1}=D$。74LS74 内部有两个上升沿触发的 D 触发器,其引脚排列如图 3-35(b)所示。请输入适当的信号,并根据实际操作结果填写其逻辑功能特性表(表 3-20)。

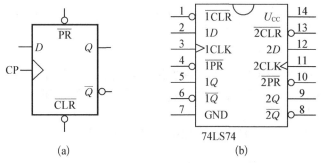

图 3-35　D 触发器的逻辑符号和 74LS74 引脚排列

表 3 - 20 D 触发器的逻辑功能特性表

$\overline{\text{CLR}}$	CP	D	Q_n	Q_{n+1}
0	×	×		
1	↑	1		
1	↓	1		
1	↑	0		
1	↓	0		

注：设初始状态为 0。

3）JK 触发器

下降沿触发的 JK 触发器的逻辑符号如图 3 - 36(a) 所示，它的特性方程为 $Q_{n+1} = J\,\overline{Q_n} + \overline{K}Q_n$，PR和CLR分别相当于 $\overline{S_D}$ 和 $\overline{R_D}$，低电平有效。

74LS112 内部有两个下降沿触发的 JK 触发器，其引脚排列如图 3 - 36(b) 所示。请输入适当的信号，并根据实际操作结果填写其逻辑功能特性表（表 3 - 21）。

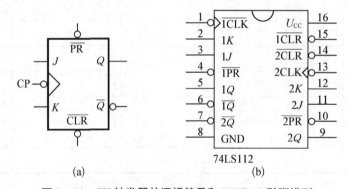

(a)　　　　　　　　　　(b)

图 3 - 36　JK 触发器的逻辑符号和 74LS112 引脚排列

表 3 - 21　JK 触发器的逻辑功能特性表

J	1	1	0	0	0	0	1	1	1	1
K	0	0	0	0	1	1	1	1	1	1
CP	↑	↓	↑	↓	↑	↓	↑	↓	↑	↓
Q										

注：先将 Q 端清零，然后按表格从左至右顺序操作。

2. 触发器的应用

按图 3 - 37 所示的电路接线，注意正确连接工作电源，U_{CC} 接 +5 V。CP 端输入 1 kHz 方波，用示波器同步观察并记录 CP、Q_0、Q_1 的时序关系（CP - Q_0，CP - Q_1，Q_0 - Q_1）。

3.10.4　实验设备与器材

数字电路实验箱，74LS00，74LS74，74LS112，双踪示波器。

3.10.5　预习内容

1. 复习各种触发器的逻辑符号、特性方程、功能表。

2. 触发器的一些重要概念：置位和复位，电平触发和边沿触发，上升沿触发和下降沿触发。

3. 锁存器和寄存器的区别，计数与分频的区别。

3.10.6　实验设计题

用 D 触发器或 JK 触发器设计计数器和移位寄存器：

可以采用 Multisim 软件进行仿真实验。

1. 试用一片 74LS74 设计一个异步四进制加(减)法计数器。

＊2. 试用一片 74LS112 设计一个异步四进制加(减)法计数器。

＊3. 试用两片 74LS74 设计一个四位环形移位寄存器，输出接到(虚拟)发光二极管，通过复位和置位端置入 0100，然后加入 1 Hz 移位脉冲，观察发光二极管发光情况。

3.10.7　实验报告要求

1. 填写实验中各触发器的功能表。

2. 画出触发器应用电路波形(图 3-38)。

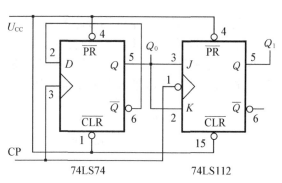

图 3-37　触发器应用电路

注：图中端口旁的数字分别是 D 触发器在 74LS74 及 JK 触发器在 74LS112 芯片中的引脚号。

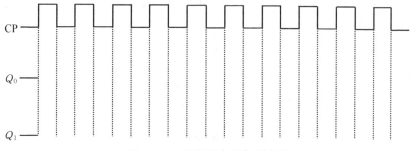

图 3-38　触发器应用电路波形

3. 选做 1～2 道实验设计题(亦可由指导教师指定必选题)。

3.11　实验二十一　计数、译码、显示电路

3.11.1　实验目的

1. 掌握中规模计数器 74LS90/74LS290 的功能和应用。

2. 学会使用 74LS48 BCD 七段显示译码器和共阴极 LED 数码管。

3. 熟悉用示波器测试计数器输出波形的方法。

3.11.2　实验原理

计数、译码、数码显示电路是由计数器、七段显示译码器和 LED 数码管显示器三部分组成的，下面分别加以介绍。

1. 计数器

计数器是一种中规模集成电路，由多个触发器和门电路按一定的规则构成。其种类有很多，如果按各触发器计数脉冲的引入方式来划分，计数器可分为同步计数器和异步计数器两类；

如果按照计数器状态码值的增减趋势来划分,可分为加法计数器、减法计数器和可逆计数器等;如果按计数器进位规律来划分,可分为二进制计数器(包括 2 的 N 次方进制的计数器,一般称为 N 位二进制计数器)、十进制计数器和 N 进制计数器等。本实验选用 74LS90/74LS290 二-五-十进制计数器,其引脚排列和功能表如图 3-39 所示。

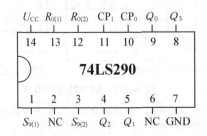
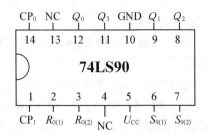

8421BCD计数态序
(见注A)

计数	输出			
	Q_3	Q_2	Q_1	Q_0
0	L	L	L	L
1	L	L	L	H
2	L	L	H	L
3	L	L	H	H
4	L	H	L	L
5	L	H	L	H
6	L	H	H	L
7	L	H	H	H
8	H	L	L	L
9	H	L	L	H

5421BCD计数态序
(见注B)

计数	输出			
	Q_0	Q_3	Q_2	Q_1
0	L	L	L	L
1	L	L	L	H
2	L	L	H	L
3	L	L	H	H
4	L	H	L	L
5	H	L	L	L
6	H	L	L	H
7	H	L	H	L
8	H	L	H	H
9	H	H	L	L

7490/74290计数器功能表

复位输入				输出			
$R_{0(1)}$	$R_{0(2)}$	$S_{9(1)}$	$S_{9(2)}$	Q_3	Q_2	Q_1	Q_0
H	H	L	X	L	L	L	L
H	H	X	L	L	L	L	L
X	X	H	H	H	L	L	H
X	L	X	L	计		数	
L	X	L	X	计		数	
L	X	X	L	计		数	
X	L	L	X	计		数	

H=高电平, L=低电平, X=任意

注 A:Q_0 与 CP_1 连接,计数脉冲从 CP_0 输入,作 8421BCD 码计数,输出位序:Q_3、Q_2、Q_1、Q_0;
注 B:Q_3 与 CP_0 连接,计数脉冲从 CP_1 输入,作 5421BCD 码计数,输出位序:Q_0、Q_3、Q_2、Q_1;
NC:未连接端子。

图 3-39 74LS90/74LS290 引脚排列和功能表

74LS90 和 74LS290 逻辑功能完全一样,仅引脚排列不同。其内部有一个二进制计数器和一个五进制计数器,两个计数器是完全独立的,且均为下降沿翻转。

1)$R_{0(1)}$ 和 $R_{0(2)}$ 为直接复位端,若两者同时为"1"且 $S_{9(1)}$ 和 $S_{9(2)}$ 之一为"0",则计数器立即清零;$S_{9(1)}$ 和 $S_{9(2)}$ 为直接置 9 端,若其同时为"1"可以预置数字"9"($Q_3 = Q_0 = 1$,$Q_1 = Q_2 = 0$)。

2)CP_0 为二进制计数器的计数脉冲输入端,Q_0 的输出频率为 CP_0 的 1/2。CP_1 为五进制计数器的计数脉冲输入端,Q_3 的输出频率为 CP_1 的 1/5。若把 Q_0 输出连接到 CP_1,外部计数脉冲从 CP_0 输入,即构成 8421BCD 码十进制计数器,其输出位序为 Q_3、Q_2、Q_1、Q_0;若把 Q_3 输出连接到 CP_0,外部计数脉冲从 CP_1 输入,即构成 5421BCD 码十进制计数器,其输出位序为 Q_0、Q_3、Q_2、Q_1,Q_0 是最高位,此时其位权是 5。

2. 七段显示译码器

74LS48/74LS248 是 BCD 码七段显示译码器。74LS48 与 74LS248 的差别仅在于后者显示"6"时多了一上横和显示"9"时多了一下横,其他情况时两者完全相同。其引脚排列和功能表如图 3-40 所示。

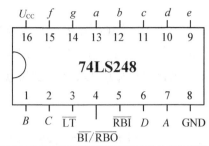

十进制数	输　入					$\overline{BI}/\overline{RBO}$	输　　出							字型	注
或功能	$\overline{LT}$	$\overline{RBI}$	D	C	B	A		a	b	c	d	e	f	g		
0	H	H	L	L	L	L	H	H	H	H	H	H	H	L	
1	H	X	L	L	L	H	H	L	H	H	L	L	L	L	
2	H	X	L	L	H	L	H	H	H	L	H	H	L	H	
3	H	X	L	L	H	H	H	H	H	H	H	L	L	H	
4	H	X	L	H	L	L	H	L	H	H	L	L	H	H	
5	H	X	L	H	L	H	H	H	L	H	H	L	H	H	
6	H	X	L	H	H	L	H	L	L	H	H	H	H	H	
7	H	X	L	H	H	H	H	H	H	H	L	L	L	L	
8	H	X	H	L	L	L	H	H	H	H	H	H	H	H	1
9	H	X	H	L	L	H	H	H	H	H	L	L	H	H	
10	H	X	H	L	H	L	H	L	L	L	H	H	L	H	
11	H	X	H	L	H	H	H	L	L	H	H	L	L	H	
12	H	X	H	H	L	L	H	L	H	L	L	L	H	H	
13	H	X	H	H	L	H	H	H	L	L	H	L	H	H	
14	H	X	H	H	H	L	H	L	L	L	H	H	H	H	
15	H	X	H	H	H	H	H	L	L	L	L	L	L	L	
灭显	X	X	X	X	X	X	L	L	L	L	L	L	L	L	2
0消隐	H	L	L	L	L	L	L	L	L	L	L	L	L	L	3
灯测试	L	X	X	X	X	X	H	H	H	H	H	H	H	H	4

图 3-40　74LS248 引脚排列和功能表

输出 a、b、c、d、e、f、g 高电平有效,可驱动共阴极 LED 数码管。

1) 要求显示输入数码时,"灭显输入"(Blanking Input,$\overline{BI}$)必须开路或保持高电平。如果需要显示"0",则"级联消隐输入"(Ripple Blanking Input,$\overline{RBI}$)也必须开路或为高电平。此时,若四位输入 $DCBA$ 为 0000～1001 时,显示"0"～"9";当输入 $DCBA$ 为 1010～1110 时,显示某些符号;当输入 $DCBA$ 为 1111 时,无显示。

2) 当"灭显输入"($\overline{BI}$)接低电平时,不管其他输入为何电平,所有各段输出均为低电平,即数码管的七段全部熄灭。

3) 当"级联消隐输入"($\overline{RBI}$)和 D、C、B、A 输入均为低电平而"灯测试"(Lamp Test,$\overline{LT}$)为高时,所有各段($a～g$)输出均为低电平,且"级联消隐输出"(Ripple Blanking Output,$\overline{RBO}$)

也为低电平。

4) 当"灭显输入/级联消隐输出"($\overline{\text{BI}}/\overline{\text{RBO}}$)无效而"灯测试"($\overline{\text{LT}}$)为低电平时,所有各段输出都为高电平(若接有数码管,则七段全亮,显示数码"8",可利用这一点来检查 74LS48 和数码管的好坏)。$\overline{\text{BI}}/\overline{\text{RBO}}$ 共用一个引脚,作"灭显输入"($\overline{\text{BI}}$)或"级联消隐输出"($\overline{\text{RBO}}$)之用,或兼作两者之用。

3. LG5011 共阴极 LED 数码管

LG5011 共阴极数码管共封装了 8 个 LED 发光二极管:$a \sim g$ 七段加小数点 h(一般小数点与七段显示分别控制)。为了防止电流过大烧坏数码管,数字电路实验箱的内部已经在 LED 数码管引出端 $a \sim h$ 各串接了一个 1 kΩ 限流电阻。

3.11.3 实验内容及步骤

1. LED 数码管共阴极接地,段码 $a \sim g$ 端逐个接电源+5 V,检查数码管各段是否正常。

2. 图 3-41 所示的显示原理图,为一位十进制计数、译码、显示电路的实位连线图。注意 U_{CC} 接+5 V 电源,GND 接电源负端。由于数字电路实验箱的内部已经在 LED 数码管引出端 $a \sim h$ 各串接了一个 1 kΩ 电阻,故可直接与 74LS48/74LS248 的译码输出连接。

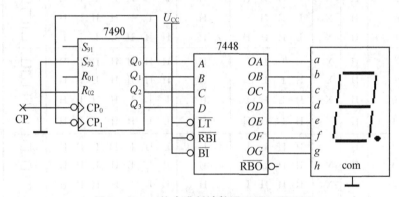

图 3-41 一位十进制计数译码显示原理图

3. 计数脉冲 CP 接 1 Hz 方波,观察电路的自动计数、译码显示过程。

4. 将 1 Hz 方波改成 1 kHz 方波,用示波器分别观测并记录十进制计数器 Q_0、Q_1、Q_2、Q_3 的输出波形以及 CP 的波形,比较它们的时序关系。

3.11.4 实验设备与器材

数字电路实验箱,74LS90/74LS290,74LS48/74LS48,双踪示波器。

3.11.5 预习内容

1. 复习 74LS90/74LS290 的功能。

2. 复习 74LS48/74LS248 的功能。

3.11.6 实验思考/设计题

1. 如何将两片 74LS90/74LS290 连接成 8421 码 100 进制计数器?

2. 若把图 3-41 中 74LS90 作为一个十分频器,其输出是哪一位? 占空比是多少?

3. 用 74LS90 设计一个占空比为 50% 的十分频器,怎样连接电路,输出是哪一位?

4. 如何用 74LS248 消隐整数前导的无效"0",例如,"0036"前面 2 个"0"?

3.11.7 实验报告要求

1. 画出一位十进制计数、译码、显示电路中各集成芯片之间的实位连接图(图 3-42)。

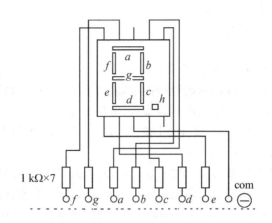

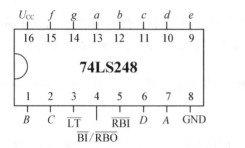 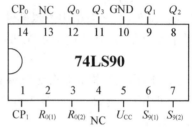

图 3 - 42 计数、译码、显示电路中各集成芯片之间的实位连线图

2. 画出十进制计数器 Q_0、Q_1、Q_2、Q_3 四位输出的波形图,标出周期,并在各波形上标出每个周期的二进制状态(图 3 - 43)。

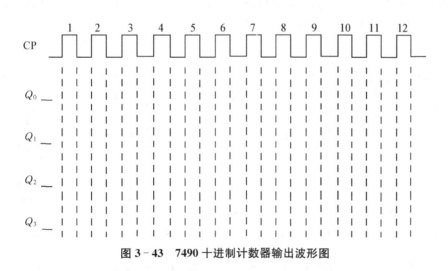

图 3 - 43 7490 十进制计数器输出波形图

3.12 实验二十二 显示译码电路的设计

3.12.1 实验目的

1. 了解门电路的三种输出结构及其特点。

2. 掌握显示译码电路设计的原理。

3. 掌握 LED 数码管的使用。

3.12.2 实验原理

实验二十一介绍了 LED 数码管显示七段译码器 74LS48/74LS248 的应用。在逻辑上,可以把它当成是一个多输入、多输出的码制转换电路。原则上,自己也能设计这样的译码器。按照二进制数的编码原则,对应四位二进制码输入,输出最多可以有 16 种不同的组合,可以显示 $a \sim g$ 七段的 16 种不同的组合,即 16 个不同的"字符"。为使问题简化,考虑两位二进制码有 4 种编码,可以用来显示 4 个不同的字符。

粗看起来,设计者似乎只要考虑七段显示译码器的输入输出间的逻辑关系就可以了。可是如果需要点亮的共阴极数码管较大,每段的驱动电流需要数十毫安才能有足够的亮度,或者其每段由若干 LED 串联,例如,10 只 LED 串联,其导通时的正向压降可达十几伏,而 TTL 的电源电压只有 5 V,怎么办呢?

上面的问题说明,数字系统中逻辑部件与负载之间,逻辑部件之间的连接,除了满足逻辑关系外,还需要满足其他方面(如电平匹配、驱动能力等)的要求。这些大都与数字电路的输出级结构有关。

TTL 电路的输出级结构大致分为三种类型:推拉式输出、三态输出和集电极开路(OC)输出。下面以"与非"门为例做一个简要的介绍。

1. 推拉式输出

图 3-44(a)所示是 TTL"与非"门电路。T_1 是多发射极晶体管,各发射极所接输入信号在此是相"与"关系。T_3 和 T_4 是输出级的开关管,正常工作时总是一个饱和导通,另一个截止,故称推拉式输出。门电路在 T_3 饱和导通、T_4 截止时输出高电平;T_4 饱和导通、T_3 截止时输出低电平。用单管共发射极电路[图 3-44(b)]也可以实现高、低电平输出:晶体管 T 截止时输出高电平,T 饱和时输出低电平。两者相比,推拉式输出的优点是工作速度更快,功耗更小。所以大部分的数字集成电路的输出级采用推拉式结构。

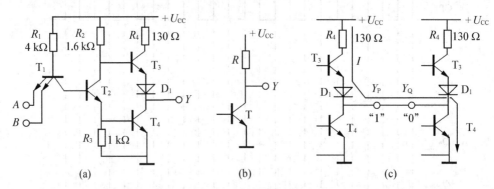

图 3-44 (a) TTL"与非"门电路 (b) 单管共发射极电路 (c) 输出端并接时的情况

但是采用推拉式输出电路的输出端不可以直接相连[图 3-44(c)]。这是因为,如果两个门 P、Q,门 P 的输出 Y_P 为"1",门 Q 的输出 Y_Q 为"0"的话,一旦将它们的输出端相连,那么从 U_{CC} 经过门 P 的 R_4(130 Ω)、T_3 管(饱和)二极管 D_1(导通)到门 Q 的 T_4(饱和)形成低阻通路,形成的较大电流 I 不但使得门 Q 的输出电平抬高(当然同时门 P 的输出电平被拉低),还可能会损坏输出晶体管。

2. 三态输出

数字系统中常常有多个部件需要互相交换数据信息，如果两两之间都建立各自的直接的数据传输通道的话，需要大量的资源。所以一般都采用公共数据传输通道即所谓总线(BUS)。各个部件都连接在总线上。由于各部件输出端不可以直接相连，任一时刻只允许一个部件向总线上发送数据，其余部件只能暂时与总线"脱开"，这就需要具有"三态输出"功能的部件。即所谓的三态门(Three State Logic，TSL)。

图 3-45(a)所示是三态输出的"与非"门电路。同图 3-44(a)的电路比较，其多了一个控制端 E。控制端又称为使能端。$E=1$ 时，二极管 D 因承受反向电压截止，三态"与非"门实现普通"与非"门一样的功能，输出 $Y=\overline{AB}$；$E=0$ 时，二极管 D 因承受正向电压导通，晶体管 T_2 的集电极电位被拉到 1 V 左右，T_3 截止；另一方面，晶体管 T_1 的基极电位也被拉到 1 V 左右，不能使 T_2、T_4 导通。所以 T_3、T_4 都截止，此时的输出 Y 的状态与输入无关，称为高阻态，用字母 Z 表示，输出 $Y=Z$。

三态"与非"门的符号如图 3-45(b)、图 3-45(c)所示。方框中的倒三角形符号表示三态输出。图 3-45(b)中的使能端 EN 处无小圆圈，为高电平有效，表示 $E=1$ 时逻辑电路正常工作，$E=0$ 时输出高阻。由于电路结构的不同，也有一些三态输出芯片是控制端低电平有效，即 $E=0$ 时，逻辑电路正常工作，$E=1$ 时输出高阻。符号的使能端 EN 处有一个小圆圈，如图 3-45(c)所示。

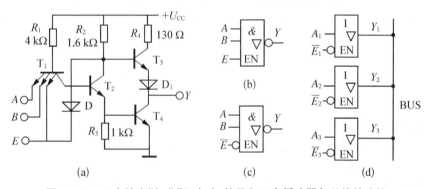

图 3-45　三态输出"与非"门电路、符号和三态缓冲器与总线的连接

三态输出并不仅限于"与非"门，还有三态缓冲器(输出的逻辑状态与输入相同)、三态反相器和三态锁存器等；不但有三态输出的 TTL 电路，同时也有三态输出的 CMOS 电路。

图 3-45(d)所示是三态缓冲器在数字系统的总线传输方面连接的例子。3 个三态缓冲器接在同一总线上，任一时刻，使能 $E_1\sim E_3$ 只有一个为低，所以三路信号 $A_1\sim A_2$ 中只有一路信号送到总线上。

3. 集电极开路输出

集电极开路(Open Collector，OC)输出是在推拉式输出电路的基础上，除去 R_4、T_3 和 D_1 三个元件，T_4 的集电极输出是开路的。电路结构如图 3-46(a)所示。虚线所接电阻 R_L 是应用时外接的，称负载电阻，也称上拉电阻。电源 U 不等于 5 V 时必须采用另一路电源。如图 3-46(b)所示，图的下半部分是其符号，方框中的菱形记号表示是 OC 输出结构的逻辑门。一般应用 OC 门时输出端需要外接上拉电阻 R_L 到电源 U。

OC 门主要具有电平变换、驱动某些负载和实现"线与"逻辑三方面的应用。

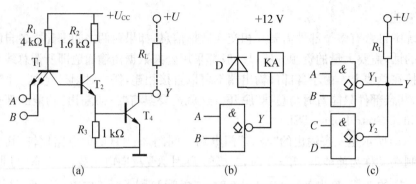

图 3－46　集电极开路(OC)输出"与非"门及线与逻辑

1) 电平变换：这在 TTL 后接 CMOS 电路时常常可以用到。TTL 用 5 V 电源，CMOS 电路的电源 U_{DD} 常常是十几伏。普通 TTL 的推拉式输出高电平为 3.6 V 左右，不到 U_{DD} 的一半，不能匹配。所以需要 OC 门(在电源 U 和上拉电阻配合下)将其输出高电平上拉，在 T_4 截止时 OC 门输出高电平接近电源电压 U，而输出低电平仍是 0.3 V，于是实现了电平变换。

2) 驱动 LED 显示器件或者某些继电器：可将这类负载代替上拉电阻 R_L 直接接入集电极回路，如图 3－46(b)所示，OC 门的输出直接接继电器线圈 KA，电源 U 的电压根据继电器额定值选用，例如，+12 V。与继电器线圈 KA 并联的二极管 D 是续流二极管，在晶体管 T_4 关断瞬间为继电器线圈 KA 提供电流通路，以释放电感线圈通电时储存的能量。

3) 实现线与逻辑：OC 门的输出端可以并接，如图 3－46(c)所示，是两个 OC "与非"门输出线与的例子。图中只要有一个门的输出(Y_1 或 Y_2)为低电平，输出 Y 就为低电平，只有所有门的输出全部为高电平时，输出 Y 才为高电平，实现了线与逻辑关系

$$Y = Y_1 \cdot Y_2 = \overline{AB} \cdot \overline{CD} = \overline{AB + CD} \tag{3-11}$$

从上式可知，几个 OC "与非"门输出端并接(线与)，实现了"与或非"运算。

此时上拉电阻 R_L 的阻值必须根据负载情况合理选择，具体计算请参阅有关资料。

CMOS 电路的输出级和 TTL 相似，有推拉式输出、三态输出和漏极开路(OD)输出三种结构。其中漏极开路(OD)输出与 TTL 的集电极开路(OC)输出结构相对应，相关的分析方法也完全相同。

3.12.3　实验内容及步骤

1. 根据图 3－47 所示的电路图，用数量尽可能少的二输入"与非"门设计一个七段译码电路，能够点亮七段共阴极数码管，使它能按照表 3－22 的要求逐个显示字母"P""L""A""Y"。注意数字电路实验箱内部已经在 LED 数码管引出端 $a{\sim}h$ 各段串接了一个 1 kΩ 限流电阻。

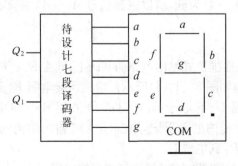

图 3－47　共阴极数码管译码显示电路图

表 3－22　输入状态与显示结果

输入状态		数码管
Q_2	Q_1	显示字符
0	0	P
0	1	L
1	0	A
1	1	Y

要求：列出输入输出真值表，写出 a、b、c、d、e、f、g 各段的逻辑表达式，并简化或转换成与"非"-"与非"表达式；画出逻辑图，标出引脚号。在数字电路实验箱上实际连线，调试，完成实验。

2. 请再设计显示"H""E""L""P"的电路，并进行连线，完成实验，实验要求同上。

3.12.4 实验设备与器材

数字电路实验箱，74LS00，＊74LS33。

3.12.5 预习内容

1. 复习逻辑代数的基本概念和基本公式，熟悉组合逻辑电路的设计方法。

2. 理解推拉式输出、三态输出和 OC 输出的特点及适用范围。

3.12.6 实验思考题

根据图 3-48 所示的电路图，用集电极开路（OC）输出的 2 输入"或非"门（74LS02）设计一个七段译码电路，要求能够点亮七段共阳极 LED 数码管，使它能按照表 3-23 的要求逐个显示字母"H""O""P""E"。

电源 U 接 LED 共阳极数码管的公共端，电压大小由计算确定。数码管的 a、b、c、d、e、f、g 各段都已串入一个 $1\ k\Omega$ 电阻；LED 数码管导通压降至 $1.8\ V$ 左右。

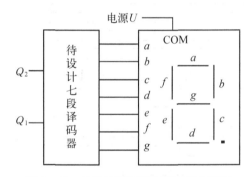

图 3-48 共阳极数码管译码显示电路图

表 3-23 输入状态与显示结果

输入状态		数码管
Q_2	Q_1	显示字符
0	0	H
0	1	O
1	0	P
1	1	E

3.12.7 实验报告要求

1. 列出真值表。

2. 写出逻辑表达式，并转换成需要的形式。

3. 画出逻辑图并在图上标出引脚号。

4. 完成思考题。

3.13 实验二十三 六十进制分频、计数器

3.13.1 实验目的

1. 掌握中规模集成计数器 74LS161/74LS160 的逻辑功能。

2. 掌握任意进制分频器的设计方法。

3. 掌握同步计数器级联的方法。

3.13.2 实验原理

1. 74LS161 芯片介绍

74LS161 是四位可预置数同步二进制加法计数器，如图 3-49 所示，共有 16 个引脚。其中

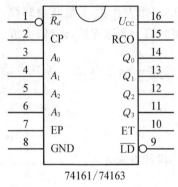

74161/74163

图 3-49 74LS161/74LS163 引脚排列

$A_0 \sim A_3$ 是预置数输入端，$Q_0 \sim Q_3$ 是输出端。$\overline{R_d}$ 是异步复位端，$\overline{LD}$ 是同步置数端，均为低电平有效。CP 是时钟脉冲输入端，上升沿有效。EP、ET 是使能端，EP=ET=1 时允许计数，否则保持原状态。RCO 是串行进位输出端。

图 3-50 所示是 74LS161 工作原理波形图。从图中可以看出复位方式和置数方式是不相同的。一旦 $\overline{R_d}=0$，输出端 $Q_3 \sim Q_0$ 立即清零，这就是所谓的异步复位。与之形成对比的是，$\overline{LD}=0$ 后，并未立即置数，而是要等到下一个时钟脉冲的上升沿时刻，数据输入端 $A_3 \sim A_0$ 的值才被分别送入 $Q_3 \sim Q_0$。这种不仅要求控制信号有效，同时还需时钟有效边沿到来才置数的方式，称为同步置数。另外，串行进位输出 RCO 在 $Q_3 \sim Q_0$ 全为 1 时输出一个时钟周期的高电平。

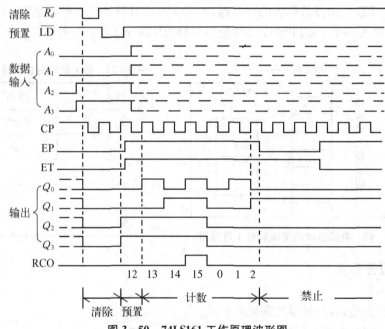

图 3-50 74LS161 工作原理波形图

如图 3-51(a)所示，令 74LS161 的 EP=ET=1，复位和置数信号均接高电平，从时钟触发端输入矩形波脉冲序列 CP，则 Q_0 的输出频率是 CP 的二分之一，称之为二分频。同理，Q_1、Q_2、Q_3 的输出频率依次是四分频、八分频、十六分频。

实现任意分频需要能够任意改变计数器的模值。两片或两片以上的计数器级联可增大计数器的模值。对于具有复位端和置数端的计数器，可用反馈清零法和反馈置数法减小计数器的模值。

2. 74LS161 的级联

如果需要的分频数超过 16，也就是计数器的模值必须大于 16，就必须将两片或更多的 74LS161 级联工作。级联的方式有同步和异步两种：异步级联是用低位计数器的进位输出 RCO 或最高位输出 Q_3（均需要加反相器）作为高位计数器的计数脉冲，如图 3-51(a)所示。同

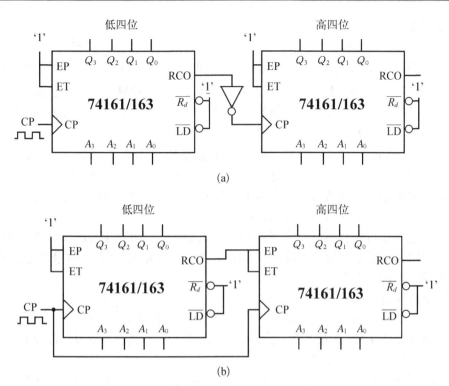

图 3-51　74LS161 的(a) 异步级联　(b) 同步级联

步级联是将外部计数脉冲 CP 同时接到两片 74LS161 的时钟触发端,利用低位计数器的 RCO 控制高位计数器的使能端 EP&ET,如图 3-51(b)所示。两片 74LS161 级联后,计数器的模达到 $16 \times 16 = 256$。

3. 反馈清零法

利用 74LS161 的异步复位端,可以实现 16 以内的任意(N)分频:设 $N = 12$,在图 3-52 (a)的基础上,只要将 $Q_3 Q_2 Q_1 Q_0 = (1100)_2$ 中的 Q_3 和 Q_2 接到"与非"门的输入端(2 输入"与非"门就行了),并将异步复位端 $\overline{R_d}$ 改接到此"与非"门的输出端,就可在 Q_3 端实现对 CP 的十二分频。因是异步复位,状态 $(1100)_2$ 刚出现瞬间就被清除,所以 $(1100)_2$ 并不是计数循环中的一个完整的状态,一个计数循环的 12 个有效状态,从 $(0000)_2$ 到 $(1011)_2$,逻辑连接如图3-52(b)所示。

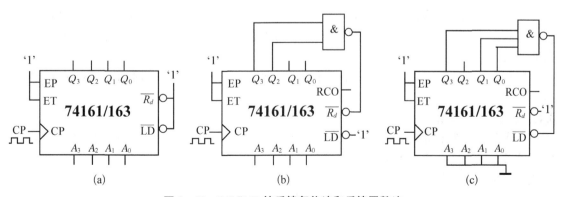

图 3-52　74LS161 的反馈复位法和反馈置数法

4. 反馈置数法

同样以十二分频为例：$4(0100)_2 \sim 15(1111)_2$ 是 12 个状态。如果计数器在状态等于 $15(1111)_2$ 时置数 $4(0100)_2$，就可实现十二分频。为此只要将 $A_3A_2A_1A_0$ 分别接 $0100(A_3A_1A_0$ 接地，A_2 接高电平)作为预置数，只用一个"非"门，将 RCO 信号取反后接到置数控制端 $\overline{LD}$，就可实现在 Q_3 端得到对 CP 的十二分频输出(需使复位端保持无效)。如实现十二分频时仍需要 $0\sim11$ 这 12 个状态，则可将 $A_3A_2A_1A_0$ 接地，将 $Q_3Q_2Q_1Q_0=(1011)_2$ 状态用来发出置数控制信号，$Q_3Q_1Q_0$ 接"与非"门输入，"与非"门输出接置数控制端 $\overline{LD}$ 即可，如图 3-52(c)所示。

反馈清零法和反馈置数法同样可用于多片 74LS161 级联后构成的计数器。

74LS163 也是四位可预置数同步二进制加法计数器。16 个引脚的名称、功能、排列不变，与 74LS161 不同之处仅在于其复位方式是同步复位。

74LS160 是四位可预置数同步十进制加法计数器。16 个引脚的名称、功能、排列不变，异步复位，同步置数，计数范围为 $(0000)_2 \sim (1001)_2$，当计数值为 $9(1001)_2$ 时，串行进位输出 RCO 输出一个时钟周期的高电平。

3.13.3 实验内容及步骤

1. 采用一片 74LS161 和一片 74LS00 芯片，用反馈清零法设计并实现一个六进制计数器，时钟(计数)脉冲采用 1 Hz 方波，输出 $Q_3Q_2Q_1Q_0$ 接到数字电路实验箱中部有译码器的 LED 数码管。验证完成后保留实验线路。

2. 再用一片 74LS161 及上述 74LS00 芯片的多余门，用反馈置数法设计并实现一个十进制计数器，要求计数范围为 $(0000)_2 \sim (1001)_2$，时钟脉冲采用 1 Hz 方波，输出接到数字电路实验箱中部有译码器的 LED 数码管。验证完成后保留实验线路。

3. 将上述两个部分级联成为一个六十进制计数器，十进制计数器为低位，六进制计数器为高位。输入仍为 1 Hz 方波，输出仍接到数字电路实验箱中部有译码器的 LED 数码管。设计级联部分的电路并予以实现。

*4. 如果只要求实现六十分频而对计数状态无要求，请自行设计分频器电路，并对你设计的电路的工作方式和运行状态做出详细的说明。

3.13.4 实验设备与器材

数字电路实验箱，74LS161，74LS00。

3.13.5 预习内容

1. 复习可预置数同步四位二进制加法计数器 74LS161 的功能、复位方式、置数方式和级联方式等。

2. 画出用反馈清零法设计的六进制计数器连线图，用一片 74LS161 和一片 74LS00。

3. 画出用反馈置数法设计的十进制计数器连线图，另用一片 74LS161 和上一片 74LS00 多余部分设计。

4. 将上述两个部分级联成为一个六十进制计数器，十进制计数器为低位，六进制计数器为高位。

3.13.6 实验思考题

为什么对于 74LS161，同样是 N 分频，复位信号在状态 N 时产生(置数数据输入为 0)，置数信号却在状态 $N-1$ 时产生？

3.13.7 实验报告要求

1. 分别写出六进制计数器、十进制计数器、六十进制计数器的设计和调试过程。

2. 总结反馈清零法和反馈置数法各自的特点。

3.14　实验二十四　555 集成定时器的应用

3.14.1　实验目的

1. 加深对 555 集成定时器的工作原理的理解。
2. 掌握用 555 集成定时器构成多谐振荡器和单稳态触发器的方法。
3. 进一步学习使用示波器对波形进行定量分析,测量波形的周期、幅度和脉宽等。

3.14.2　实验原理

555 集成定时器是一种将模拟电路和数字电路相结合的中规模集成电路。因输入端设计有三个 5 kΩ 的电阻而得名。555 集成定时器有双极性和 CMOS 两种类型,一般用双极性工艺制作的称为 555,用 CMOS 工艺制作的称为 7555。除单定时器外,还有对应的双定时器 556 / 7556。555 集成定时器的电源电压范围较宽,可在 4.5～16 V 工作,输出驱动电流可达约 200 mA,其输出可与 TTL、CMOS 电平兼容。

555 集成定时器因成本低,性能可靠,只需要外接几个电阻、电容,就可以实现多谐振荡器、单稳态触发器及施密特触发器等脉冲产生与变换电路等特性而广泛应用于仪器仪表、家用电器、电子测量及自动控制等方面。555 集成定时器的内部结构和外引脚排列如图 3-53 所示。它内部包括两个电压比较器、3 个串联的 5 kΩ 等值电阻、1 个 RS 触发器、1 个放电管 T 及功率输出级。

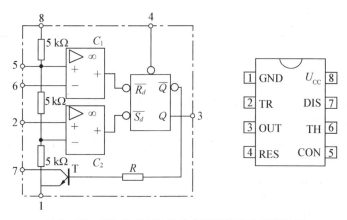

图 3-53　555 集成定时器的内部结构和外引脚排列

555 集成定时器的功能主要由两个比较器决定。两个比较器的输出电压控制 RS 触发器和放电管的状态。在电源与地之间加上电压,当 5 脚未接入控制电压时,电压比较器 C_1 的同相输入端的电压为 $2/3\,U_{CC}$,C_2 的反相输入端的电压为 $1/3\,U_{CC}$。若触发输入端 TR 的电压小于 $1/3\,U_{CC}$,则 C_2 的输出为 0,可使 RS 触发器置 1,使输出端 OUT=1。如果阈值输入端 TH 的电压大于 $2/3\,U_{CC}$,同时 TR 端的电压大于 $1/3\,U_{CC}$,则 C_1 的输出为 0,C_2 的输出为 1,可将 RS 触发器置 0,使输出为 0 电平。

它的各个引脚功能如下:

1 脚:外接电源负端或接地。

2 脚:TR 低触发端。

3 脚:输出端 OUT。

4 脚：直接清零端。当该端接低电平，则 555 集成定时器不工作，此时不论 TR 和 TH 处于何电平，输出均为 0，该端不用时应接高电平。

5 脚：CON 为控制电压端。若此端外接电压，则可改变内部两个比较器的基准电压，当该端不用时，应将该端串入一只 0.01 μF 电容接地，以防引入干扰。

6 脚：TH 高触发端。

7 脚：放电端。该端与放电管集电极相连，用作 555 集成定时器时电容的放电。

8 脚：外接电源 U_{CC}，本实验中用＋5 V。

在 1 脚接地，5 脚未外接电压，两个比较器 C_1、C_2 基准电压分别为 2/3 U_{CC} 和 1/3 U_{CC} 的情况下，555 集成定时器时基电路的功能表见表 3-24。

表 3-24　555 集成定时器的功能表

RES(4)（清零端）	TH(6)（高触发端）	TR(2)（低触发端）	Q(3)（输出）	T 状态（放电管）	功　能
0	×	×	0	导通	直接清零
1	$>\frac{2}{3}U_{CC}$	$>\frac{1}{3}U_{CC}$	0	导通	置0
1	$<\frac{2}{3}U_{CC}$	$<\frac{1}{3}U_{CC}$	1	截止	置1
1	$<\frac{2}{3}U_{CC}$	$>\frac{1}{3}U_{CC}$	Q	保持	保持

3.14.3　实验内容及步骤

1. 占空比可调的多谐振荡器

按图 3-54(a)所示的电路接线，电容 C 取 0.33 μF，电源 U_{CC} 可取＋5 V，注意电源极性。调节电位器 R_W，用示波器观察并记录输出信号占空比变化的情况，测试并记录输出信号占空比为 50% 时的输出波形及电容电压 U_C 的波形。从示波器上读取电容电压的最大值和最小值。

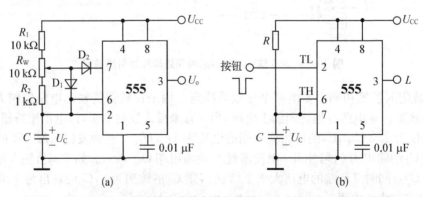

图 3-54　555 集成定时器构成的多谐振荡器(a)和键控延时照明电路(b)

2. 键控延时照明电路

图 3-54(b)为由单稳触发器实现的键控延时照明实验电路，电容 C 取 100 μF，R 取 39 kΩ。当按一次按钮（下降沿按钮，接 555 的 pin2），将会产生感应脉冲并触发由 555 定时器构成的单

稳触发器,进而在输出端得到一定时间长度的高电平信号,控制发光二极管 L 点亮,模拟控制点亮床头小灯,实现夜间照明。

3. 不对称方波发生器

图 3－55(a)所示也是一种多谐振荡器,该电路理论上的输出方波的振荡周期 $T=0.7(R_A+2R_B)C$,而波形的占空比 $\delta=\dfrac{t_w}{T}=\dfrac{R_A+R_B}{R_A+2R_B}$,$t_w$ 为脉冲宽度。

用示波器观察 U_o 的波形及实际振荡频率,与计算频率值相比较。

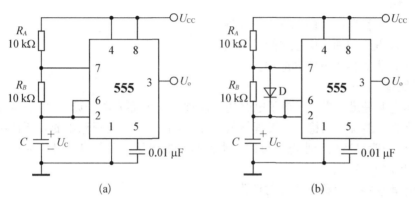

图 3－55　555 集成定时器构成的不对称方波发生器(a)和对称方波发生器(b)

4. 对称方波发生器

在图 3－55(a)中,R_B 的两旁并接一个二极管,二极管的阳极接 7 脚,阴极接 6 脚,如图 3－55(b)所示。此时周期 $T=0.7(R_A+R_B)C$,占空比可近似达到 50%。用示波器观察 U_o 的波形及实际振荡频率,并与计算频率值相比较。

3.14.4　实验设备与器材

数字电路实验箱,双踪示波器,555 集成定时器。

3.14.5　预习内容

1. 复习教材中有关 555 集成定时器的工作原理及其应用。

2. 分析实验电路图 3－54(a)、图 3－54(b)的功能。

3. 思考怎么用示波器测试,并比较电路的信号波形及电平。

3.14.6　实验思考题

1. 根据图 3－54(b),计算输出高电平(照明)的时间长度,列出计算过程。如果要改变灯亮的时间,可以调整哪些参数?

2. 根据图 3－55(a)所示的电路,结合 555 集成定时器的工作原理,证明输出方波的振荡周期 $T=0.7(R_A+2R_B)C$。

3.14.7　实验报告要求

1. 整理各实验所记录的波形和测量数据,并与理论计算值进行比较。

2. 总结电路参数对多谐振荡器振荡周期和单稳态触发器脉冲宽度的影响。

3. 完成实验思考题。

第4章 电子技术综合实验

4.1 综合实验一 小功率直流稳压电源

4.1.1 实验目的

1. 掌握串联型稳压电源的基本工作原理。
2. 了解采样电压与输出电压之间的关系。
3. 了解三端集成稳压电路的应用。

4.1.2 实验原理

直流稳压电源是最为常见的电子电路功能部件。绝大部分电子设备、电子装置,都需要直流稳压电源来提供能源。因稳压二极管与负载并联,由稳压二极管稳压的直流稳压电路,称为并联稳压电路,一般只适用于小电流负载。本实验中的电压调整管 T_1(又称为功率管)与负载串联,故属于串联型稳压电路。

1. 小功率串联型直流稳压电源的电路

如图 4-1 所示,输入为 220 V 的交流电,输出分成两路:一路是固定电压 9 V 输出 U_{o1},另一路是可调电压输出 U_{o2}。220 V 交流电压经变压器降压,在变压器副边得到大小合适的低压交流电,通过 $D_1 \sim D_4$ 四个二极管组成的整流桥整流并经电容 C_1 滤波,在正常负载的情况下,A 点对地电压波形是带有交流分量的脉动直流。由于电网电压的波动、负载变动和温度变化等原因,将会引起 A 点电压的波动。为了克服这种波动并同时消除交流分量引起的脉动,一般均须加入稳压环节。

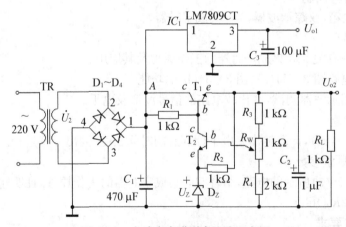

图 4-1 小功率串联型直流稳压电源

A 点右边的下部和上部是两种不同形式的稳压电路。一种由分立元件构成,另一种则是以集成电路为主。分立元件部分的稳压原理为输出电压经电阻 R_2、稳压二极管 D_Z 到地,稳压二极管反向击穿,在稳压二极管两端获得的稳定电压 U_Z 加上 T_2 的基-射电压 U_{BE2} 之和($U_Z +U_{BE2}$)作为参考电压信号(或称基准电压信号)。电阻 R_3、R_W 和 R_4 构成的输出采样电路对输出

电压 U_{o2} 分压后取出采样电压信号。比较放大管 T_2 和电阻 R_1 构成误差放大器,其动态调整过程为采样电压信号与参考电压信号 U_Z+U_{BE2} 进行比较,当采样电压信号大于 U_Z+U_{BE2} 时,比较放大管 T_2 的基极电流 I_B 增大,集电极电流 I_C 成比例增大;当采样电压信号小于 U_Z+U_{BE2} 时,比较放大管 T_2 的基极电流 I_B 减小,集电极电流 I_C 也成比例减小。T_2 集电极电流 I_C 增减将对输出电压 U_{o2} 产生调节作用。

1) 若受电网电压或负载变动等外界影响,输出电压 U_{o2} 上升——采样电压上升——比较放大管 T_2 的集电极电流 I_C 上升——放大管 T_2 的集电极电阻两端的压降增大——电压调整管 T_1 的基极电位 V_B 下降——T_1 管的工作点下降,U_{ce} 增大——输出电压 U_{o2} 下降,恢复到接近原值。

2) 同样,若输出电压 U_{o2} 下降——采样电压下降——比较放大管 T_2 的集电极电流 I_C 下降——放大管 T_2 的集电极电阻两端的压降减小——电压调整管 T_1 的基极电位 V_B 上升——T_1 管的工作点上升,U_{ce} 减小——输出电压 U_{o2} 上升,恢复到接近原值。

这是一种电压负反馈调节,是将采样信号与基准信号的差值经放大后去控制输出量,故只能减小输出电压的波动,而不能彻底消除这种波动,属于有差调节系统。如果放大环节的放大倍数较高,误差就比较小。

2. 直流稳压电源的主要性能参数

1) 输出电压 U_{o2} 及其调节范围

输出电压的大小,取决于参考电压信号 U_Z+U_{BE2} 的大小以及采样电路的分压比,因此输出电压在一段范围内可调,输出电压 U_{o2} 及其调节范围由下式决定。

$$U_{o2}=\frac{R_3+R_4+R_W}{R_4+R''_W}(U_Z+U_{BE2}) \tag{4-1}$$

式中,R''_W 是采样电位器的下半部分的阻值,调节 R_W 可以调节输出电压。

2) 输出电阻 R_o

输出电阻 R_o 定义为稳压电路的输入电压一定时,输出电压的变化量与输出电流的变化量之比

$$R_o=\frac{\Delta U_o}{\Delta I_o} \tag{4-2}$$

输出电阻 R_o 较小,则负载变化时引起的电压波动就比较小。

3) 稳压系数 S

稳压系数 S 定义为稳压电路的负载不变时,输出电压的相对变化量与输出电压的相对变化量之比

$$S=\frac{\Delta U_o/U_o}{\Delta U_i/U_i} \tag{4-3}$$

4) 纹波电压峰-峰值 $U_{rp\text{-}p}$

输出纹波电压是指在额定负载条件下,输出电压中所含交流分量的峰-峰值,可以用示波器经 AC 耦合方式测量。

由于电压调整管 T_1 与负载串联,因此负载电流全部流过调整管 T_1,当负载电阻过小甚至输出端短路时,过大的电流可能会损坏调整管。在正常工作时要有较好的稳压效果,调整管 T_1 的管压降一般控制在 $4\sim5$ V。由于上述因素会导致电压调整管 T_1 的管耗比较大,所以大多数

情况下需要加散热器。

3. 78 系列三端集成稳压器

78 系列三端集成稳压器输出正电压,有 7805、7806、7808、7809、7812、7815、7818、7824 等多种规格,相应的 79 系列则输出负电压。三端集成稳压器内部有过载和过流保护电路,输出电流最大可达 1.5 A。图 4-1 上部是用三端集成稳压器 LM7809 构成的稳压电路,输出电压固定为 9 V,不可直接进行调节,电路显然简单多了。如果输入端的导线较长,需要在 1 脚与地之间接一个 0.1 μF 的电容,以防止自激。需要注意的是,输入、输出电压的差值(即 A 点电压与 U_{o1} 之间的差值)不能小于 2 V,否则输出可能不稳定,但此差值也不宜过大。

4.1.3　实验内容及步骤

1. 根据题目要求,粗略估计各元件参数,将电路图输入 Multisim 软件的工作区,进行电路仿真。大致确定输出电压和调节范围,并测量不同负载电阻下的输出电压,推算输出电阻。

2. 按图 4-1 所示的电路连接整流滤波电路(含 C_1 电容),其余暂不接,测量 A 点电压(空载)。

3. 按图 4-1 所示的电路连接除 LM7809CT 芯片以外的电路。

4. 检查无误后通电,测量稳压部分输入电压 U_o(A 点电压)=＿＿＿＿＿ V。

5. 调节电位器 R_W,使输出电压 U_{o2} 等于设计值(空载)。

6. U_{o2} 接负载电阻,测量输出电压 U_{o2}=＿＿＿＿＿ V;纹波电压 U_{o2rp-p}=＿＿＿＿＿ V。

7. 连接 LM7809CT 芯片及周围电路,测量输出电压 U_{o1}=＿＿＿＿＿ V。

8. U_{o1} 接负载电阻,测量输出电压 U_{o1}=＿＿＿＿＿ V;纹波电压 U_{o1rp-p}=＿＿＿＿＿ V。

4.1.4　实验设备与器材

面包板,变压器,整流桥,电子器件一套,数字万用表,双踪示波器。

4.1.5　预习内容

1. 理解串联型稳压电源的工作原理。

2. 如何用示波器测量纹波电压?

3. 如何估算电压调整管的管耗?

4.1.6　实验报告要求

1. 计算稳压电源的输出电阻 R_o=＿＿＿＿＿ Ω,输出电阻对输出电压有何影响?

2. 允许输出电流与输入电压之间的关系主要受什么参数影响?

3. 一般在实际应用中功率管都要加散热片,为什么?

4.2　综合实验二　简易波形发生器

4.2.1　实验目的

1. 了解集成运算放大器的线性及非线性应用的范围和特点。

2. 了解滞回比较器以及积分器的工作原理。

3. 分析输出频率与积分时间常数的关系。

4. 了解波形产生和波形变换的常用方法。

4.2.2　实验原理

波形发生器最常用的输出波形有方波(含矩形波)、三角波和正弦波。产生这三种波形的方法有多种。本实验采用的方波和三角波发生器电路原理图如图 4-2 所示。集成运算放大器 A_1 和电阻 R_F 与 R_1 构成滞回比较器(斯密特触发器),集成运算放大器 A_2 和电容 R_F 与电阻 R_2

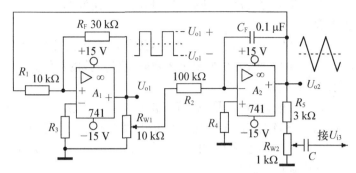

图 4 - 2　方波和三角波发生器原理图

构成反相积分器。当集成运算放大器 A_1 的输出为正饱和值 U_{o1}^+ 时,通过 R_{W1} 分压,积分器进行反相积分直到集成运算放大器 A_2 的输出 U_{o2} 为负值,两者电压在 A_1 同相输入端进行叠加后与 0 V(地)进行比较,因而有下列过程:

A_1 的输出 U_{o1}^+——A_2 反向积分——U_{o2} 越来越小直到为负值——使得 A_1 的同相输入端电压 $U_{i1} \leqslant 0$——A_1 的输出为负饱和值 U_{o1}——A_2 正向积分——U_{o2} 越来越大直到为正值——使 $U_{i1}^+ \geqslant 0$——A_1 的输出再次为正饱和值 U_{o1}^+。

周而复始形成振荡,U_{o1} 输出方波,U_{o2} 输出等腰三角波。

方波幅值 U_{o1M} 大小由集成运算放大器的动态范围决定(也可以用双向稳压二极管代替 R_{W1},使方波幅值 U_{o1M} 经稳压降到合适的数值),方波经积分得到三角波,当 R_{W1} 的滑动端调到最上端时,三角波的幅度取决于 A_1 叠加电阻 R_1 与 R_F 的比值,即回环特性曲线的宽度

$$U_{o2M} = \pm \frac{R_1}{R_F} U_{o1M} \tag{4-4}$$

可见,改变 R_1 与 R_F 的比值可以改变 U_{o2M} 的大小。

方波和三角波的频率相同,同样当 R_{W1} 的滑动端调到最上端时,其频率等于

$$f_0 = \frac{1}{T_0} = \frac{R_F}{4R_1 R_2 C} \tag{4-5}$$

怎样将三角波转换为正弦波呢?一个比较简单的近似方法是进行非线性转换。简单形象地说,需要将三角波的上下顶端附近由折线形成的尖角变成曲率渐变的弧线构成的圆弧。由于差分放大电路的传输特性存在着非线性,随着输入电压信号的增大,输出电压逐渐饱和,由线性区向饱和区过渡,电路的电压放大倍数逐渐下降。因此可利用这种非线性实现三角波-正弦波的转换(图 4 - 3)。考虑到电路必须容易进入非线性区(饱和区),因此,集电极电阻要取较大值;同时静态工作电流 I_C 调得较小,每管集电极电流小于

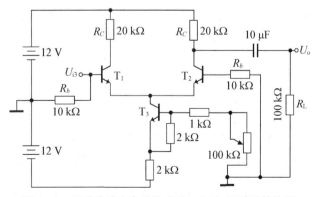

图 4 - 3　用差分放大电路构成的三角波-正弦波转换器

等于 0.5 mA。要获得失真较小的正弦波,还必须控制输入三角波的大小。

4.2.3 实验内容及步骤

1. 将电路图 4 - 2 输入 Multisim 软件的工作区,进行电路仿真,同时了解电路参数对方波和三角波的幅度以及其频率的影响,并根据要求大致确定各参数的数值。

2. 连接方波三角波产生电路。

3. 用示波器观察方波三角波输出波形,调节方波输入大小,观察其对频率及幅度的影响。

4. 连接差动放大器,通电,调整工作点,使每管集电极电流小于等于 0.5 mA。

5. 输入三角波,调整输入三角波大小,用示波器观察输出波形,反复调试工作点及三角波输入大小,使正弦波失真达到最小。

4.2.4 实验设备与器材

面包板,电子器件一套,差动放大器,数字万用表,双踪示波器。

4.2.5 预习内容

1. 复习滞回比较器电路与积分运算电路的工作原理和计算公式。

2. 掌握方波和三角波发生器电路的工作原理。

3. 理解差分放大电路非线性转换原理。

4.2.6 实验报告要求

1. 三种输出波形之间是如何产生和转换的? 通过什么环节,应用哪一种原理?

2. 振荡频率与什么参数有关? 你能否说明频率公式是怎样推导的?

3. 电路中可以通过调节哪些参数来调整三角波幅度?

4. 可以通过改变什么参数来改变正弦波的幅值大小?

4.3 综合实验三 数字式电压表

4.3.1 实验目的

1. 了解电子电路构成小系统的一般结构。

2. 掌握数字计数器的计数工作原理。

3. 理解将被测电压线性转换成计数周期的电路工作原理。

4. 了解 CMOS 集成电路的性能特点和使用注意事项。

4.3.2 实验原理

1. CMOS 集成电路的性能特点

CMOS 字面上的意思是互补金属氧化物半导体(场效应晶体管)。由 N 沟道增强型 MOS 管和 P 沟道增强型 MOS 管互补构成。与 TTL 相比,CMOS 集成电路有很多特点,如:

1)电源电压工作范围大

CMOS 集成电路可在 $U_{DD}=3\sim15$ V 范围内正常工作,有的电源电压工作范围甚至可达 18 V。

2)逻辑摆幅大,电源利用率高

输出高电平 $U_{OH}=U_{DD}$,低电平 $U_{OL}=0$ V,逻辑摆幅接近 U_{DD},电源利用率接近 100%。

3)抗干扰能力强

CMOS 门电路的电压传输特性的转折区很陡,所以其噪声容限很大,且其高电平噪声容限 U_{NH} 与低电平噪声容限 U_{NL} 相等,其典型值可达电源电压的 45%。

4)功耗小

静态时,不论输出为高电平或低电平,其输出端 NMOS 管和 PMOS 管两者之中总有一个处于截止状态,从而静态漏极电流几乎为零,静态功耗很小,可以忽略;动态时,CMOS 集成电路的功耗与负载等效电容 C_L 和信号频率 f 成正比,与电源电压 U_{DD} 的平方成正比。

5) 输入电阻很大,输入电流很小;输出电阻大,输出电流,无论吸入电流或放出电流都小,但是其扇出系数仍很大。

6) 开关速度接近 TTL 集成电路

经过多年的技术改进,CMOS 集成电路的开关速度已经接近 TTL 集成电路,74HC、74HCT 系列与 TTL 电路兼容。

2. CMOS 集成电路的使用注意事项

由于 CMOS 集成电路具有高输入阻抗等特点,使用时需要注意一些事项:

1) 为了防止静电造成损坏,组装调试时,电烙铁、仪表、工作台等应该有良好接地。操作者的衣服手套应该注意消除静电,不用的输入端不能悬空。

2) 虽然 CMOS 集成电路的输入端已经设置了保护二极管,为了防止二极管因过流而损坏,仍需要在低内阻的任意波形发生器和 CMOS 集成电路的输入端之间加限流保护电阻,电源极性不能接反。

3) 为防止输出端短路,输出端既不可与电源 U_{DD} 直接短接,也不可与地短接。各输出端之间不可并联。输出端不可直接驱动晶体管,以免功耗超过规定。

4) 输入信号电平 U_i 的幅度,不能超过 U_{DD},也不能低于 0 V,否则容易引起"锁定"效应,烧毁芯片。

5) 不能在通电的情况下插、拔 CMOS 集成电路。

6) 脉冲信号的上升沿和下降沿必须有一定的陡度,否则需要经过整形。

3. CMOS 四位十进制计数译码显示电路

两位十进制计数译码显示电路如图 4-4 所示,在此基础上很容易扩展到四位。4511 和 4518 均为 CMOS 集成电路,其方框内侧的字母是端口名,方框外侧的数字是引脚号码。

4518 为 CMOS 双 BCD 码十进制加计数器,也就是说,一片 4518 内部有两个十进制计数器。4518 共有 16 个引脚,16 脚为 U_{DD},8 脚为 GND。1~7 脚为计数器 1,9~15 脚为计数器 2。每个计数器有三个控制信号:RESET 为计数器清零端,高电平有效,正常计数时应为低电平。EN 为 CP 下降沿(或称负跳变)计数输入端,此时应将 CLK 端接地。$Q_0 \sim Q_3$ 为数据输出端,可用 Q_3 的下降沿作为向高位的进位信号,连接到相邻高位的 EN。两片 4518 即可构成四位十进制计数电路,最大计数值 9 999。

4511 为带锁存的七段译码器,也是 16 个引脚:A、B、C、D 为数据输入端,D 为高位。$a \sim g$ 为七段译码输出,高电平有效,经限流电阻驱动 LED 显示器。BT(消隐)、LT(灯测试)信号不用,接高电平;LE(锁存允许)接置数信号 LD,高电平时允许计数器 $Q_3 \sim Q_0$ 的计数值进入显示译码器,低电平时锁存,4518 的计数值 $Q_3 \sim Q_0$ 对译码器无影响。计数板的计数控制时序图如图 4-5 所示。

根据信号时序图 4-5 并结合计数译码显示电路图 4-4,可以看出当每个周期开始时,置数信号 LD 先将上一周期的计数值锁存在显示译码器 4511 中,然后 RESET 信号对计数器 4518 清零,清零完毕后,4518 开始新的一个周期的计数,直到新的一次置数信号 LD 来到……如此循环往复,数码管就能稳定显示一个周期的计数脉冲的个数了。设计者需要正确估算每个测量周期的计数脉冲的数目,使其不能超过计数器的最大计数值,一旦超过就会溢出;也不要使每个周期的计数脉冲的数目太少,这会影响计量的精度。

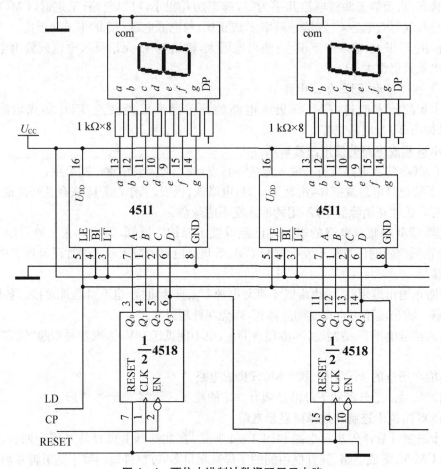

图 4 - 4　两位十进制计数译码显示电路

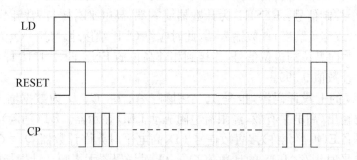

图 4 - 5　计数板的计数控制时序图

4. 电压数字转换电路原理

电压数字测量电路的关键,是将待测电压 U_2 线性地转换成计数的时间。有关电路如图 4 - 6 所示。

图 4 - 6 所示的电路中 PNP 型三极管 T_1 及 R_1、R_2、R_3、R_4 构成电流负反馈恒流充电电路,向电容 C_1 恒流充电。电容 C_1 两端电压 U_C 为斜率一定的线性增长的电压,被送到比较器同相输入端,与接到比较器反相输入端的待测电压 U_2 进行比较。当电容电压 U_C 大于等于待

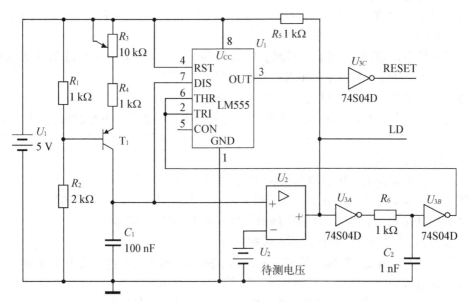

图 4 - 6　数字电压表控制信号产生电路

测电压 U_2 时,比较器 U_2(OC)输出高电平,经过阻容元件 RC 延迟,反相器(非门)U_{3B} 输出 "1",送到 555 集成定时器的 6 脚和 2 脚,使 THR 和 TRI 的电平大于等于 $2/3 U_{CC}$,555 集成定时器内部触发器翻转,使 3 脚输出 U_{out} 为低电平,7 脚对地短路放电使电容电压 $U_C(= 0) \leqslant U_2$,比较器 U_2 重新输出低电平,经阻容元件 RC 延迟使 6 脚和 2 脚为低电平且小于等于 $1/3 U_{CC}$,555 集成定时器的 3 脚输出 U_{out} 重回高电平,555 集成定时器内部放电晶体管截止,7 脚对地高阻,电容 C_1 再次恒流充电……如此周而复始形成振荡。各点电压之间的波形关系如图 4 - 7 所示。

注意: U_{out} 是 555 集成定时器电路的 3 脚输出。

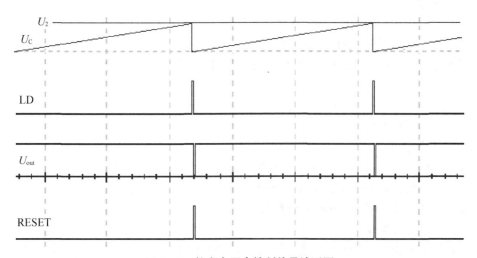

图 4 - 7　数字电压表控制信号波形图

4.3.3 实验内容及步骤

1. 将电路图 4-6 输入 Multisim 软件的工作区,进行转换电路仿真。了解电路参数对比较器输出 LD 周期的影响。根据要求大致确定各参数的数值。

2. 连接转换电路,通电后用示波器测量电容两端电压 U_C 波形,有锯齿波的话则观察 R 信号和 LD 信号是否符合工作时序。无锯齿波的话则检查电路。

3. 将四位计数板的 U_{CC} 与 LD 接 +5 V 电源,R、BI、PH 与 GND 接地,CP 接函数发生器 TTL 方波信号,计数器开始计数,观察数字显示规律。或者用手碰一下计数板的 CP 端,如果计数板数值有规律的跳动,说明可以正常计数,如不能有规律的跳动,或者某个数码管不显示,则证明此计数板有问题,应及时更换。

4. 从所搭建的转换电路中引出四根线(用来接 U_{CC}\GND\LD\RD)。

5. 将稳压源 5 V 与接地端分别接到所搭电路和计数板的 U_{CC} 端和 GND 端。

6. 将所搭电路的 LD 端与 RD 端连接到计数板的 LD 端与 RD 端。

7. 计数板的 BI 端与 PH 端接地,dp_3 端接电源,dp_2 端与 dp_1 端悬空。

8. 计数板的 CP 端接函数发生器的 TTL 输出端红夹子,函数发生器黑夹子接地。

9. 将稳压电源调到 0 V 接入电路 U_2 位置,则数码管显示应该为 0,否则的话应检查比较器门槛电压是否太高,从而解决此问题。然后使 U_2 输入为 3 V,调整三极管 T_1 发射极电位器 R_3 及函数发生器的频率,使其显示为 3.000 V。再将被测电压 U_2 调成 2 V,其正常情况下应该显示 2.000 V 左右,如不显示此数值,检查后再测量。

按表 4-1 输入,观察显示器读数,并填入表中。

表 4-1 被测电压及其显示结果

被测电压 U_2/V	0	0.5	1	2	3
显 示					

4.3.4 实验设备与器材

面包板,电子器件一套,四位计数板,数字万用表,双踪示波器,任意波形发生器。

4.3.5 预习内容

1. 了解四位计数板的工作原理,掌握清零端 R(RESET)与锁存端 LD 的信号有效极性。

2. 掌握 555 集成定时器的工作原理。

3. 理解将被测电压线性转换成计数周期的电路工作原理,分析计数周期与输入电压之间的关系。

4. 分析延迟时间参数对工作的影响。

5. 如何显示小数点?

4.3.6 实验报告要求

1. 构建既包含模拟电路又包含数字电路的系统要注意什么问题?

2. 此转换电路将被测电压转换成周期时间,试推导其运算关系式。

3. 如果输入大于 3 V,应如何进行测量?

4. 此转换电路测量精度为多少?

注:计算机 Multisim 仿真图如图 4-8 所示(计数器用 74160,锁存器用 74374,数码管内含译码器)。

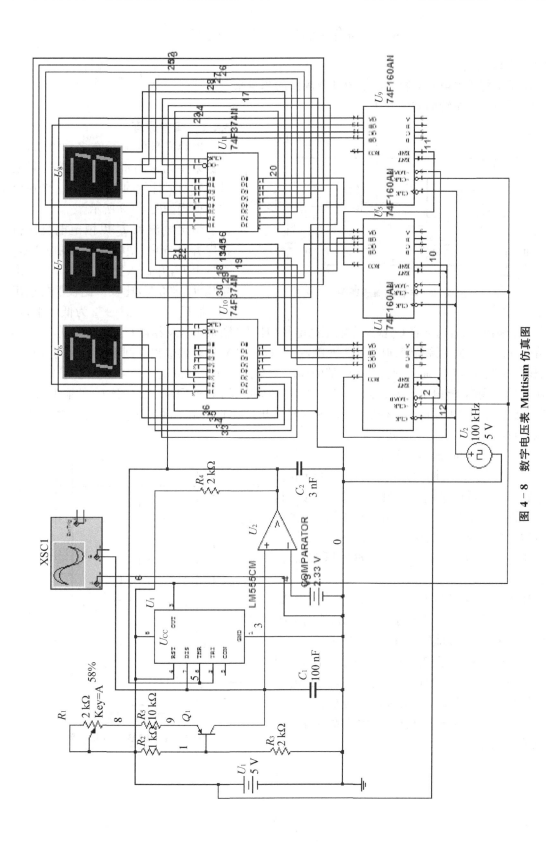

图 4 - 8 数字电压表 Multisim 仿真图

4.4 综合实验四 数字式电容表

4.4.1 实验目的
1. 了解将被测电容的容量转换成计数周期的基本原理。
2. 学习电子系统的调试方法。

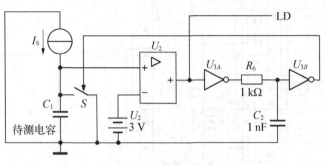

图 4 - 9 电容测量原理图

4.4.2 实验原理

电容容量的测量有多种方法,本实验采用间接测量法,将电容容量线性地转换成计数周期(时间)。转换电路的原理如图 4 - 9 所示。

恒定电流源 I_S 以恒定电流向待测电容 C_1 充电,使电容两端的电压 U_C 线性上升,并送入比较器 U_2,与基准电压($U_2 = 3\,\text{V}$)比较。比较器的输出 LD 在 $U_C < 3\,\text{V}$ 时一直为低电平,反相器 U_{3A} 输出为高,向电容 C_2 快速充电至高电平(时间常数很小),反相器 U_{3B} 输出为低,开关 S 保持断开。由于恒流源持续向电容 C_1 充电,一旦 $U_C > 3\,\text{V}$ 比较器输出立即变高。此时反相器 U_{3A} 输出变低,电容 C_2 通过 R_6、U_{3A} 内部的输出晶体管放电,等到 C_2 上的电压降到开门电平以下,U_{3B} 输出变高,使电子开关 S 闭合,电容 C_1 迅速放电,U_C 迅速回零。比较器 U_2 的输出 LD 也立即回到低电平。U_{3B} 也很快变低,开关 S 恢复断开。由于 R_6 和 C_2 的时间常数很小(微秒级),所以比较器输出高电平的时间很短。

由上述分析可知,两次比较器输出 LD 高电平之间的时间(即周期)与待测电容的容量成正比。在 LD 的低电平期间计数器将连续计数,利用 LD 的正脉冲锁存一个周期的计数值。只要适当选取计数脉冲 CP 的频率,就可以使计数值正好等于待测电容的容量。另外基准电压 U_2 的稳定也很重要。

比较器选用 LM339,每片集成块内部装有四个独立的电压比较器,由于是 OC 输出,故需上拉电阻。LM339 引脚排列如图 4 - 10 所示。

实际的转换电路如图 4 - 11 所示,可以发现该电路与数字电压表的 $U - T$ 转换电路十分相似。

转换电路中用稳压二极管稳压的方法使比较器反相输入端电压恒定,此时 C_1 为待测电容。充电电流 I_c 为

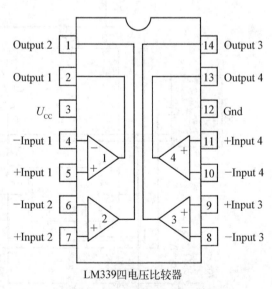

LM339四电压比较器

图 4 - 10 LM339 引脚排列

$$I_c = \frac{U_{CC} \cdot \dfrac{R_1}{R_1 + R_2} - U_{BE}}{R_4'}$$

$$(4 - 6)$$

式中,R_4'等于R_3的滑动端以下部分加上R_4全部的阻值。

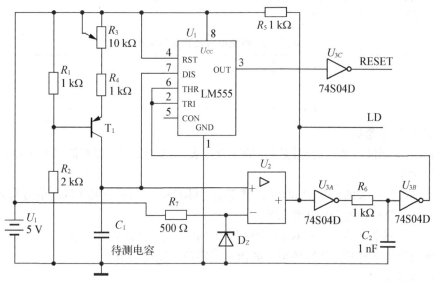

图 4－11　数字式电容表控制信号产生电路

从式 4－6 可知充电电流 I_c 为常数。电容电压 U_C 为

$$U_C = \frac{1}{C}\int I_c \mathrm{d}t = \frac{1}{C} \cdot \frac{U_{CC} \cdot \dfrac{R_1}{R_1+R_2} - U_{BE}}{R_4'}t = \frac{1}{C}I_c t \tag{4-7}$$

即:

$$t = \frac{U_C C}{I_c} \tag{4-8}$$

由此可知电容充电时间 t 与电容 C 容量成正比。计数器对这段时间用适当的恒定频率计数,就可显示电容值,三位十进制显示最大可显示 999 nF。

4.4.3　实验内容及步骤

1. 将电路图 4－11 输入 Multisim 软件的工作区,进行电路仿真。了解电路参数对比较器输出 LD 周期的影响。

2. 连接转换电路,检查无误后通电。

在 $C_1 = 10$ nF 情况下,示波器测量 U_C 有无锯齿波,LD、RESET 信号是否正常。

3. 将计数板的 U_{CC} 与 LD 接＋5 V 电源,R、BI、PH 与 GND 接地,CP 接函数发生器 TTL 方波信号,计数器开始计数,观察其显示规律。或者打开电源开关后,用手碰一下计数板的 CP 端,计数板数值理应会有有规律的跳动,如计数板数值未发生有规律的跳动,或者某个数码管不显示,则证明此计数板有问题,应及时更换。

4. 从所搭建的转换电路中引出四根线(用来接 U_{CC}\GND\LD\RD)。

5. 将稳压源 5 V 与接地端分别接到所搭电路和计数板的 U_{CC} 与 GND 端。

6. 将所搭电路的 LD 端与 RD 端连接到计数板的 LD 与 RD 端。

7. 计数板的 BI 端与 PH 端接地,dp_1 端、dp_2 端与 dp_3 端悬空。

8. 计数板的 CP 端接函数发生器的 TTL 输出端红夹子,函数发生器黑夹子接地。

9. 调节函数发生器频率旋钮,使接入 $C_1=1$ nF 显示为 001,接入 $C_1=999$ nF 显示为 999。将显示读数填入表 4-2 中:

表 4-2 待测电容及其显示结果

C_1/nF	1	100	300	500	700	900	999
显示							

4.4.4 实验设备与器材

面包板,电子器件一套,三位计数板,数字万用表,双踪示波器,任意波形发生器。

4.4.5 预习内容

1. 了解三位计数板的工作原理,掌握清零端 R(RESET)与锁存端 LD 的信号有效极性。

2. 掌握 555 集成定时器的工作原理。

3. 理解将被测电容的容量线性转换成计数周期时间的电路工作原理。

4. 如何设定计数脉冲 CP 的频率? 如何进行零位和满度调节?

4.4.6 实验报告要求

1. 构建既包含模拟电路又包含数字电路的系统要注意什么问题?

2. 此电路将被测电容容量转换成计数周期时间,试用测量数据校验运算关系式。

3. 如果待测电容大于 999 nF,应如何进行测量?

4. 此电路测量精度为多少?

4.5 综合实验五 数字频率计

4.5.1 实验目的

1. 了解数字频率计的组成和原理。

2. 设计数字频率计的时基信号和控制信号部分。

3. 掌握数字频率计的各部分电路的调试及总体联调方法。

4.5.2 实验原理

1. 数字频率计测频原理

数字频率计是根据闸门计数原理,测量交流周期性信号的频率并用数字显示的仪器。图 4-12 所示为数字频率计的原理框图。待测信号是周期性的交流信号,经输入通道放大、整形后得到 TTL 方波信号,加到主闸门的一个输入端。主闸门是一个“与”门或者“与非”门,其另一个输入

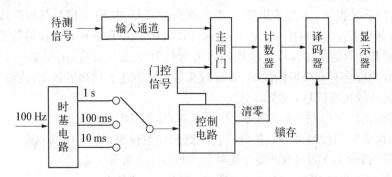

图 4-12 数字频率计原理框图

来自控制电路的门控信号。门控信号高电平的宽度一般取单位时间,如 1 s、0.1 s、0.01 s……等于时基信号的周期。如果占空比等于 50%,那么对时基信号二分频就可以获得门控信号。在门控信号的控制下,主闸门输出的脉冲数就是单位时间内待测信号的脉冲数,即频率值。再经过计数、译码、显示电路,就能显示测量结果。为了使显示保持稳定,每隔一定时间(一般是一个时基信号周期)后产生锁存信号和清零信号,将译码输入锁存后使计数器清零,再进入下一次测量。

2. 100 Hz 时基信号的产生

用 555 集成定时器构成的 100 Hz 时基电路如图 4－13 所示。电路很简单,就是所谓多谐振荡器。根据设计要求(输出 100 Hz 方波,要求充放电时间常数基本相等,输出波形的占空比等于 50%),决定有关器件的参数,可以先进行仿真。调节电位器 R_W,用示波器观察 555 集成定时器三脚输出波形。

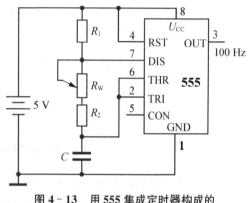

图 4－13　用 555 集成定时器构成的
100 Hz 时基电路

本电路虽然简单易行,但作为时间基准,准确度和稳定性并不很高。另外一种方案是采用石英晶体振荡器加上多级分频电路,一般的数字电路实验箱都有多级时钟信号输出,有条件也可以选择。

3. 控制信号时序

根据图 4－12 所示的数字频率计原理框图,若待测信号为 TTL 连续方波,则控制信号时序如图 4－14 所示。门控信号高电平时,待测信号可以通过闸门;门控信号低电平时,闸门关闭。在门控信号的下降沿,产生锁存信号 LD,在 LD 的下降沿产生清零信号 RESET。即先锁存,再清零,保证锁存数据不被清除。

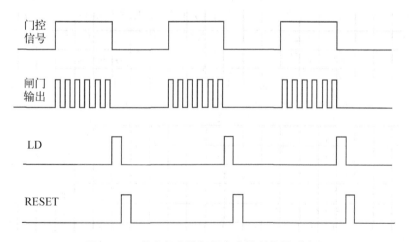

图 4－14　数字频率计闸门方案控制信号时序图

为了进一步简化电路,也可以不用闸门,直接将待测信号送入计数器,于是门控信号也可以省略,利用清零后到下次锁存之间的时间对待测信号的脉冲计数。从如图 4－15 所示的简化后的时序图可以看出,如果时基信号占空比等于 50%,门控信号又是时基的二分频,只要 LD 和 RESET 的脉冲宽度足够窄(几微秒),那么这段时间几乎与门控信号高电平宽度相等。

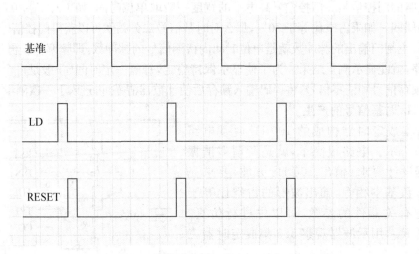

图 4‑15　数字频率计控制信号简化后的时序图

用 TTL 100 Hz 标准时钟信号,经过十进制计数器计数分频,产生 3 个时基信号:0.01 s、0.1 s、1 s。每个时基信号对应不同的测量量程。可以用时基信号来产生锁存和清零信号,如图 4‑15 所示。

其中,LD 的前沿与时基信号的前沿同步,RESET 的前沿与 LD 的后沿同步。由图 4‑15 还可以看出,由于实际计数要等到清零结束后才开始,故每个测量计数周期比时基信号的周期要略短一些,为了提高准确度,这两个信号的脉冲宽度应该尽量窄一些。

4. CMOS 单稳态触发器 4528/4538

电路平时处于某种稳定状态,在外部脉冲的作用下,能够翻转到另一状态(称为暂态),经过一段确定的时间后,又自动回到原先的稳定状态,故称单稳态触发器,简称单稳。4528/4538 片内有 2 个相同的单稳态触发器。4528/4538 有 16 个引脚,其排列如图 4‑16 所示,两个单稳以前缀 1 或 2 区别。电路工作时必须在指定的引出端(T_2 和 T_1)接上电阻 R 和电容 C,暂态时间(即输出脉宽)由外接电阻 R 和电容 C 的乘积以及电源电压 U_{DD} 决定。

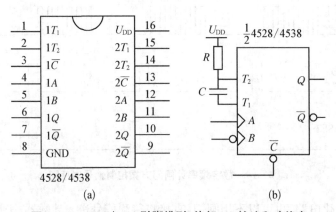

(a)　　　　　　　　(b)

图 4‑16　4528/4538 引脚排列、外部 *RC* 接法和功能表

表 4‑3 是 4528 单稳态触发器的功能表。假设已经按图 4‑16(b)所示连接了外部阻容元件。C 是清零端,低电平有效;A、B 是外部触发脉冲输入端,A 接高电平或 B 接低电平时,单

稳电路不能被触发。只有 C 为高电平且 A 为低电平时，B 端可用下降沿触发；或者 C、B 同时为高电平时，A 端可用上升沿触发。一旦触发 Q 端将输出一个正脉冲，其脉宽是外接电阻 R 和电容 C 的乘积以及电源电压 U_{DD} 的函数。具体数值可以查数据表或由实验决定。

表 4 – 3　4528 单稳态触发器的功能表

$\overline{C}$	A	B	Q	$\overline{Q}$
L	X	X	L	H
X	H	X	L	H
X	X	L	L	H
H	L	↓	⊓	⊔
H	↑	H	⊓	⊔

5. 时基和控制电路

根据上面的讨论，利用 100 Hz(0.01 s)时基信号，经 1 片 4518 内的两个十进制计数器的两次十分频，得到 0.1 s 和 1 s 的时基，再用 4528 的两个单稳，分别得到 LD 和 RESET 信号，参考电路如图 4 – 17 所示。

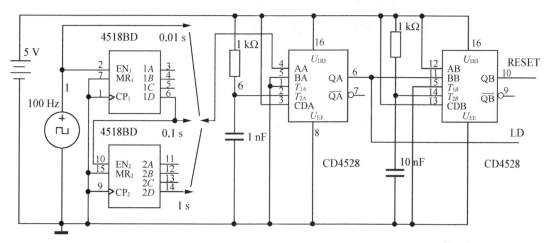

图 4 – 17　数字频率计的时基产生和控制电路

关于量程和小数点的配合问题：

以计数显示三位考虑，若量程选择 1 s，在 1 s 范围内对频率 f_i(CP)≤999 Hz 的信号进行测量，显示满度为 999 Hz，显示无小数点；若量程选择 0.1 s，则对频率 f_i(CP)≤9.99 kHz 的信号进行测量，显示满度值为 9.99 kHz，小数点在左起第一位；若量程选择 0.01 s，则对待测频率 f_i(CP)≤99.9 kHz 的信号进行测量，显示满度为 99.9 kHz，小数点在左起第二位。如果计数显示四位，情形与上面所述又不同，请同学们自行考虑。

4.5.3　实验内容及步骤

1. 弄懂时基信号及控制信号产生电路原理，并输入 Multisim 软件的工作区，进行电路仿真实验。

2. 连接 555 集成定时器振荡电路无误通电，调节可变电阻器使其输出频率为 100 Hz。

3. 连接时基信号及控制信号产生电路,用示波器观察信号时序关系。

4. 连接 100 Hz 到时基信号产生电路,用示波器精确测量三个基准信号的周期,微调100 Hz 使其达到要求。

5. 将此电路与计数板相连,用函数发生器 TTL 输出作为被测信号连接到计数板的 CP 端。

6. 改变函数发生器的频率,观察函数发生器频率显示和计数板的显示是否一致。

4.5.4　实验设备与器材

面包板,电子器件一套,四位计数板,数字万用表,双踪示波器,任意波形发生器。

4.5.5　预习内容

1. 分频原理及时基信号产生。

2. 单稳态触发器的工作原理。

3. 计数译码显示原理。

4. 量程与被测信号频率之间的关系。

4.5.6　实验报告要求

1. 数字频率计原理分析,实现方案比较,控制信号时序关系。

2. 时基信号、控制信号与被测信号之间的关系,用信号图表示。

3. 测量精确度取决于哪些参数?

4. 如果要测量信号的周期 T,你认为要做哪些改变?

4.6　综合实验六　方波-三角波发生电路的设计

4.6.1　实验目的

1. 掌握集成运算放大器的特点、性能及使用方法。

2. 掌握积分运算电路的特点和分析方法。

3. 掌握滞回电压比较器电路的特点和分析方法。

4. 掌握积分运算电路、滞回电压比较器构成的方波-三角波发生电路的结构特点、分析和计算方法。

5. 会使用 Multisim 设计和仿真上述电路,掌握 Multisim 的各种仿真功能和基本操作方法。

4.6.2　实验原理

1. 集成运算放大器的特点

集成运算放大器(简称集成运放)是高电压放大倍数、高输入阻抗、低输出阻抗的多级直接耦合放大器。理想集成运算放大器如图 4-18 所示,它具有两个差分输入端(同相输入端 U_+ 和反相输入端 U_-)和一个输出端 U_o,它们之间具有如下关系:

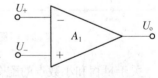

图 4-18　理想集成运算放大器的符号

$$U_o = A_{uo}(U_+ - U_-) \qquad (4-9)$$

式中,A_{uo} 表示开环电压增益,为以示区别,负反馈形成的闭环电压增益为 A_{uf}。

理想集成运算放大器有如下主要特点:

1) A_{uo} 很大,一般用∞表示。

2) 两个输入端都有无穷大的输入阻抗,即流入或流出同相输入端电流 I_+ 和反相输入端电流 I_- 皆为零。

3）输出阻抗为零。

4）工作在线性区：$U_+ = U_-$，即"虚短"；$I_+ = I_- \approx 0$，即"虚断"。工作在非线性区：当 $U_+ > U_-$，$U_o = +U_{o(sat)}$；当 $U_+ < U_-$，$U_o = -U_{o(sat)}$；$I_+ = I_- \approx 0$，"虚断"现象仍然成立。

2. 积分电路

利用集成运放作为核心元件，并引入各种不同的负反馈，可以构成各种不同功能的信号运算电路，比如：加减、积分、微分、对数和指数运算电路等。图 4 − 19 所示的电路为利用集成运放构成反相积分运算电路。输入电压 U_i 经过电阻 R 加至集成运放的反相输入端，C 为反馈电容，R_1 为平衡电阻，U_o 为输出电压。

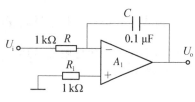

图 4 − 19　积分电路

利用集成运放"虚断"和"虚短"的特性，建立电路方程

$$\frac{U_i}{R} = -C\frac{dU_o}{dt} \qquad (4-10)$$

将式(4 − 10)转换成积分运算电路方程的一般形式为

$$U_o = -\frac{1}{RC}\int U_i dt \qquad (4-11)$$

电路时间常数

$$\tau = RC \qquad (4-12)$$

设积分运算电路的输入信号 U_i 为占空比 50%、幅值为 $\pm U_{IM}$、周期为 T 的方波，输出 U_o 为幅值为 $\pm U_{OM}$、周期为 T 的对称三角波，则其输入输出波形如图 4 − 20 所示。

当积分电路进入稳态时，反馈电容 C 上的电压不为零。为方便分析，对积分运算电路在 $0 \sim T$ 时的工作情况进行分析讨论。在 $0 \sim \dfrac{T}{2}$ 时，$U_i = U_{IM}$，电容 C 的初始电压为 $+U_{OM}$，由式(4 − 11)可知

$$U_o = -\frac{1}{RC}\int_0^t U_{IM}dt + U_{OM} \qquad (4-13)$$

在 $\dfrac{T}{2} \sim T$ 时，$U_i = -U_{IM}$，电容 C 的初始电压为 $-U_{OM}$，

图 4 − 20　积分电路输入输出波形

则有

$$U_o = -\frac{1}{RC}\int_{0.5T}^t -U_{IM}dt - U_{OM} = \frac{U_{IM}}{RC}t - \frac{U_{IM}}{RC}\frac{T}{2} - U_{OM} \qquad (4-14)$$

当 $t = T$ 时，$U_o(T) = U_{OM}$，则

$$U_{OM} = \frac{U_{IM}}{RC}\frac{T}{4} \qquad (4-15)$$

电路的时间常数

$$\tau = RC = \frac{U_{IM}}{U_{OM}} \cdot \frac{T}{4} \tag{4-16}$$

由式(4-15)可知,通过改变电路时间常数的数值,可以改变 $\frac{U_{OM}}{U_{IM}}$ 的大小。由于集成运放的输出饱和电压接近电源电压 $\pm U_{CC}$,为了避免积分运算达到饱和,积分运算电路的输出电压 U_{OM} 应满足

$$U_{OM} < U_{CC} \tag{4-17}$$

积分运算电路的平衡电阻 R_1 应满足

$$R_1 = R \tag{4-18}$$

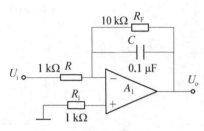

图 4-21　实际的积分电路

在实际的积分运算电路中,为防止集成运放饱和,需要考虑电容电流的泄放,往往在电路中接入一个电阻 R_F,如图 4-21 所示。

由于电阻 R_F 会分流流过电容的电流,从而导致积分误差,所以为了减小误差,一般应满足

$$R_F C \gg RC \tag{4-19}$$

通常选取

$$R_F \geqslant 10R \tag{4-20}$$

3. 滞回电压比较器

电压比较器(通常称为比较器)的功能是比较两个电压的大小。例如,将一个信号电压 U_i 和参考电压 U_R 进行比较,在 $U_i > U_R$ 和 $U_i < U_R$ 两种不同情况下,电压比较器输出两种不同的电平,即高电平和低电平。常用的电压比较器有简单电压比较器、滞回电压比较器和窗口电压比较器。

滞回电压比较器是由集成运放外加反馈网络构成的正反馈电路,如图 4-22 所示。U_i 为信号电压,U_R 为参考电压值,输出端的稳压二极管使输出的高低电平值为 $\pm U_Z$。可以看出,此电路形成的反馈为正反馈电路。

电压比较器的特性可以用电路的传输特性来描述,它是指输出电压与输入电压的关系曲线,滞回电压比较器的电压传输特性曲线如图 4-23 所示。

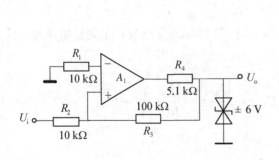

图 4-22　同相滞回电压比较器

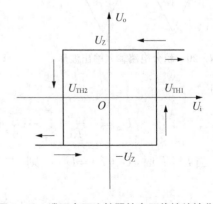

图 4-23　滞回电压比较器的电压传输特性曲线

由同相滞回电压比较器的电压传输曲线,可知当输入电压由低向高变化,经过阈值 U_{TH1} 时,输出电平由低电平($-U_Z$)跳变为高电平(U_Z)。

$$U_{TH1} = \frac{R_2}{R_3} U_Z \qquad (4-21)$$

当输入电压从高向低变化经过阈值 U_{TH2} 时,输出电压由高电平跳变为低电平。

$$U_{TH2} = -\frac{R_2}{R_3} U_Z \qquad (4-22)$$

4. 方波-三角波发生电路

集成运算放大器可构成方波和三角波发生电路,其组成电路如图 4-24 所示,它包含两部分电路,前一部分为滞回电压比较器,后一部分为积分运算电路,同时输出方波和三角波。

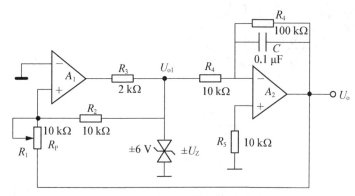

图 4-24　方波-三角波发生电路

假设电路刚加电时,电容两端的电压等于 0 V。

若 $U_{o1} = U_Z$,则积分电路中的电容充电,U_o 按线性规律下降,当 U_o 下降到零以后再下降到一定程度,使 A_1 的 U_+ 略低于 $U_-(0)$ 时,U_{o1} 从 $+U_Z$ 跳变为 $-U_Z$,同时 U_+ 也跳变到更低的值(比零低很多)。在 U_{o1} 跳变为 $-U_Z$ 后,电容放电,U_o 按线性规律逐渐上升,当 U_o 上升到一定程度,使 A_1 的 U_+ 略大于零时,U_{o1} 又从 $-U_Z$ 跳变回 $+U_Z$,使电路回到初始状态。如此周而复始使电路产生振荡,从而电路产生了方波及三角波波形。

由式(4-15)、式(4-21)和式(4-22)可得

$$U_{OM} = \frac{U_Z}{R_4 C} \frac{T}{4} = \frac{R_1}{R_2} U_Z \qquad (4-23)$$

即三角波与方波周期

$$T = \frac{4 R_1 R_4}{R_2} C \qquad (4-24)$$

三角波振荡幅度

$$U_{OM} = \frac{R_1}{R_2} U_Z \qquad (4-25)$$

4.6.3 实验内容及步骤

1. 积分运算电路

按照图 4-25 所示的电路连接积分运算电路,检查无误后接通±12 V 直流电源。

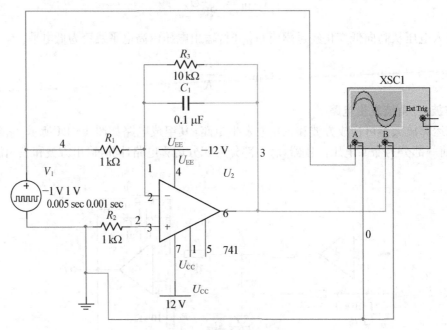

图 4-25 积分运算电路仿真

1) 电路中的积分电容为 0.1 μF,U_i 分别输入频率为 500 Hz、1 kHz、2 kHz,幅值为 1 V 的方波,观察 U_i 和 U_o 的幅值及相位关系,并记录波形。

2) 电路中的积分电容为 0.1 μF、0.5 μF、1 μF,U_i 分别输入频率为 1 kHz、幅值为 1 V 的方波,观察 U_i 和 U_o 的幅值及相位关系,并记录波形。

3) 电路中的积分电容为 0.1 μF,U_i 分别输入频率为 1 kHz、幅值为 1 V 的方波,并将积分泄放电阻 R_3 支路断开,观察 U_i 和 U_o 的幅值及相位关系,并记录波形。

4) 将实验结果与积分运算电路的理论分析结果进行比较,分析产生误差的原因。

2. 同相滞回电压比较器

按照图 4-26 所示的电路连接滞回电压比较器电路,检查无误后接通±12 V 直流电源。

1) 将信号发生器接入 U_i,并使之输出频率分别为 5 Hz、50 Hz、500 Hz、1 kHz,电压有效值为 1 V 的正弦信号,用示波器观察并记录 U_i 和 U_o 波形。

2) 利用示波器读取滞回电压比较器在不同频率的上、下阈值。电压比较器阈值测量方法:如图 4-27 所示,可利用 Multisim 中虚拟仪器示波器屏幕上两条可以左右移动的读数指针,快速方便地测量滞回电压比较器输出方波由正到负以及由负到正的跳变瞬间,输入正弦波的电压值,即为其阈值。

3) 将实验结果与同相滞回比较器的理论分析结果进行比较,分析产生误差的原因。

3. 方波-三角波发生电路

将实验内容 1、2 设计电路首尾相连(注意:电路参数有变化),形成具有正反馈的闭环电路,构成如图 4-28 所示的方波-三角波发生电路。

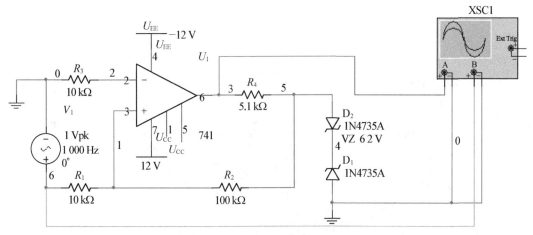

图 4-26　滞回电压比较器电路仿真

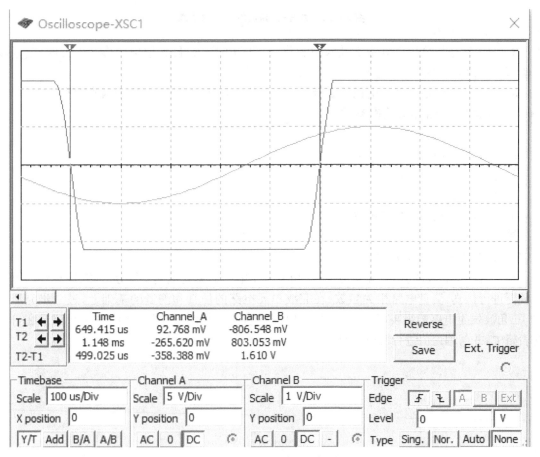

图 4-27　示波器测量阈值

1) 调整 R_P,方波、三角波幅值和频率将如何变化? 分别实验并记录。

2) 积分电容 C 分别为 $1\ \mu F$、$10\ \mu F$,重复实验步骤 1),观察输出波形、幅值和频率的变化。

4. 思考

1) 将实验结果与方波-三角波发生电路的理论分析结果进行比较,分析产生误差的原因。

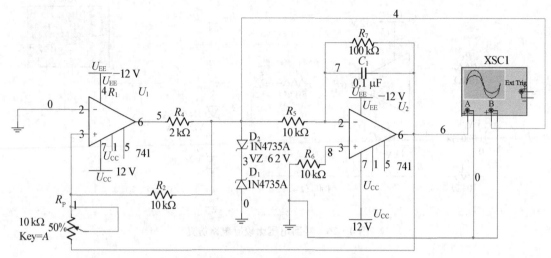

图 4－28 方波-三角波发生电路仿真

2) 为了保证积分运算电路不进入饱和状态,可调电阻 R_P 最大取值为多少? 此时,三角波的幅值最大值为多少?

3) 方波的幅值是否完全由稳压二极管的击穿电压决定,抑或还受哪个因素的影响?

4.6.4 实验设备、器件与预设参数

1. 硬件:计算机。

2. 软件:Multisim 10。

3. 主要器件:集成运放 741。

4. 实验参数:

输出波形种类:方波、三角波。

输出电压最大范围:方波电压 $22\,V_{pp}$,三角波电压 $22\,V_{pp}$。

4.6.5 实验结果与结论要求

根据实验内容及步骤,首先对方波-三角波发生电路的单元电路:积分电路、同相滞回电压比较器进行仿真,测量电路相关参数;在完成单元电路的仿真和测量的基础上,进一步完成方波-三角波发生电路的组装,并对波形发生电路的参数进行测量;将上述测量结果记录在自拟的表格中,并与理论值进行比较,分析误差产生的原因。

第5章 EWB 5.X 与 Multisim 10.0 实践入门

5.1 EWB 5.X 软件介绍和 Multisim 10.0 软件介绍

5.1.1 EWB 5.X 概述

Electronics Work Bbench(简称 EWB),中文又称电子工程师仿真工作室(台)。该软件是早先加拿大交换图像技术有限公司(Interactive Image Technologies Ltd)在 20 世纪 90 年代初推出的 EDA 仿真软件。国内应用的电子仿真软件,由于国家以及版本的不同而种类繁多,有 EWB、Pspice、Protel 和 Multisim 等。目前应用较普遍的 EWB 仿真软件是在 Windows95/98环境下工作的 Electronics Work Bbench 5.X 版本,简称如 EWB 5.0、EWB 5.12 等,前者为非安装版本,后者为安装版本,以及更高版本 Multisim 10.0,主要是这两类软件比较贴近实验室的实验台,仿真操作与实际实验过程相仿,学习使用方便,是广大电子爱好者学习和研究的有效工具。

EWB 仿真软件就像一个方便的实验室(台)。相对其他 EDA 软件而言,它是一个只有十几兆的小巧 EDA 软件。主要用于进行模拟电路和数字电路的混合仿真,调制解调的仿真,利用模块可进行较复杂的(传递函数)过渡过程仿真等。

EWB 软件的仿真功能十分强大,它能近似地仿真出真实电路的运行结果。而且,它就像在实验室桌面或工作现场那样提供了示波器、信号发生器、扫频仪、逻辑分析仪、函数发生器、逻辑分析仪和万用表等电子电路的测量仪器。EWB 软件的器件库中则包含了部分国内外大公司的晶体管元器件,集成电路和数字门电路芯片。器件库没有的元器件,还可以由外部模块导入。

EWB 软件是众多的电路仿真软件里比较容易熟练操作的。它的工作界面非常直观,且菜单栏、器件栏、仪器栏和工作区等各种工具都在同一个窗口内,即使是未使用过它的工程技术人员或学生,只要稍加学习就可以应用该软件,并能够在实践操作中逐渐熟练。现代的电子设备电路结构复杂,有的还很难理解,而使用 EWB 仿真软件则无须亲临现场就可以通过软件仿真知道许多电子电路学习研究与设计,以及检测分析与维护的结果,同时也可设置电子器件的损坏,通过软件仿真获得电路的工作状态(现象),虚拟器件在仿真时可设定为理想模式和实际模式,而且若想更换元器件或改变元器件参数,这些都只需点击鼠标设置参数即可。电子工作台的工作区就好比一块"面包板",在上面可建立各种电路进行仿真实验。电子工作台的器件库类似于器件盒,里面有多达 350 多种常用模拟和数字器件,设计和实验时可任意取用。有的虚拟器件还可直观显示实际现象,如发光二极管可以发出红、绿、蓝光(或黑、白光),逻辑探头像逻辑笔那样可直接显示电路节点的高低电平,继电器和开关的触点可以分合动作,熔断器可以烧断,灯泡可以点亮或烧毁,蜂鸣器可以发出不同音调的声音,电位器的触点可以按比例移动从而改变阻值等。

电子工作台的虚拟仪器库存放着数字电流表、数字电压表、数字万用表、1 000 MHz 双通道数字示波器、999 MHz 数字函数发生器、可直接显示电路频率响应的波特图仪、16 路数字信号示波器、16 位数字信号字发生器等,这些虚拟仪器随时可以从仪器库中摆放到工作区对电路进行测试,并直接显示有关数据或波形。电子工作台还具有强大的分析功能,可进行直流工作点分析、器件参数扫描分析、信号传输分析、暂态和稳态分析等,高版本的仿真软件还可以进行傅里叶变换分析、噪声及失真度分析、零极点和蒙特卡罗分析等。

5.1.2　Multisim 10.0 概述

　　Multisim 10.0 是美国 NI 公司电子线路仿真软件的最新版本。Multisim 10.0 用软件的方法虚拟电工与电子元器件及各种仪器仪表,通过图形界面将元器件构成的电路和调用的虚拟仪器仪表集合为一体。它是一个集电路原理设计、电路功能测试为一体的虚拟仿真软件,与 EWB 5.X 相比,Multisim 10.0 软件大小约 260 M,故 Multisim 10.0 比 EWB 5.X 大得多,因而 Multisim 10.0 的元器件库与仪器库提供的元器件种类十分丰富,从最简单的普通电阻到复杂的微处理器。虚拟测试仪器、仪表种类齐全,有一般的通用仪器,如万用表、任意波形发生器、双踪示波器、功率表和频率计等,还有一般实验室少有或者没有的仪器,如波特图仪、数字信号发生器、逻辑分析仪、逻辑转换器和失真度仪等大量的高频测量仪器。

　　Multisim 10.0 具有强大的多种电路分析功能,可以对电路进行直流工作点分析、稳态分析、瞬态分析等十余种电路分析。利用它还可以设计、测试和演示多种类型的电路,如电路分析、模拟电路、数字电路、通信电路、射频电路及部分微机接口电路等。Multisim 10.0 具有强大的 Help 功能,其 Help 系统不仅包括软件本身的操作指南,更重要的是包含有元器件的功能说明。Help 系统中这种元器件功能说明有利于使用 Multisim 10.0 进行 CAI 教学。

　　利用 Multisim 10.0 可以实现计算机仿真设计与虚拟实验,与传统的电子电路设计与实验方法相比,其具有如下特点:① 设计与实验可以同步进行,可以边设计边实验,方便修改调试;② 设计和实验用的元器件及测试仪器仪表齐全,可以完成各种类型的电路设计与实验;③ 可以方便地对电路参数进行测试和分析;④ 可以直接打印输出实验数据、测试参数、曲线和电路原理图;⑤ 实验中不消耗实际的元器件,实验所需元器件的种类和数量不受限制,实验成本低、速度快、效率高;⑥ 设计和实验成功的电路可以直接在产品中使用。

5.2　EWB 5.12 软件的操作方法

5.2.1　EWB 5.12 的安装和启动

　　EWB 5.12 版的安装文件是 EWB 5.12.EXE。新建一个目录 EWB 5.12 作为 EWB 软件的工作目录,将安装文件复制到工作目录,双击运行即可完成安装。安装成功后,可双击桌面如图 5-1 所示的图标运行 EWB 软件,非安装版本直接启动此图标运行此软件即可。

图 5-1　EWB 的图标

5.2.2　EWB 5.12 的工作界面及常用操作

1. EWB 软件的主窗口

　　光标双击图标,运行 EWB 软件,呈现出工作主窗口,如图 5-2 所示,每一部分的作用如箭头所示。

2. 下拉菜单栏命令

File,如图 5-3 所示。

Edit,如图 5-4 所示。

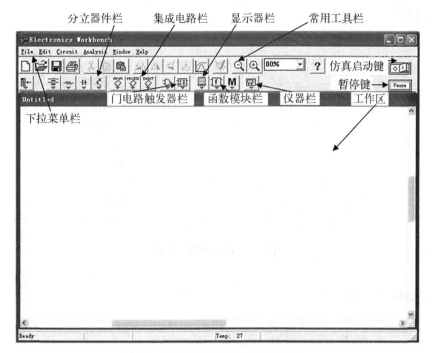

图 5-2　EWB 5.12 软件工作窗口

New	Ctrl+N	新建文件
Open...	Ctrl+O	打开文件
Save	Ctrl+S	保存
Save As...		另存为
Revert to Saved...		重新载入以前最后一次存盘的文件
Import...		输入
Export...		输出
Print...	Ctrl+P	打印
Print Setup...		打印设置
Program Options...		程序定义
Exit	Alt+F4	返回
Install...		安装

图 5-3　File 菜单命令

Cut	Ctrl+X	剪切
Copy	Ctrl+C	拷贝
Paste	Ctrl+V	粘贴
Delete	Del	删除
Select All	Ctrl+A	选择所有电路
Copy as Bitmap		拷贝作为图片
Show Clipboard		显示剪贴板

图 5-4　Edit 菜单命令

Circuit,如图 5-5 所示。

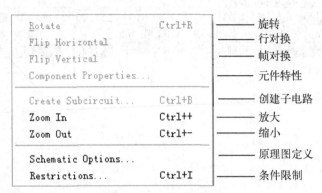

图 5-5   Circuit 菜单命令

Analysis,如图 5-6 所示。

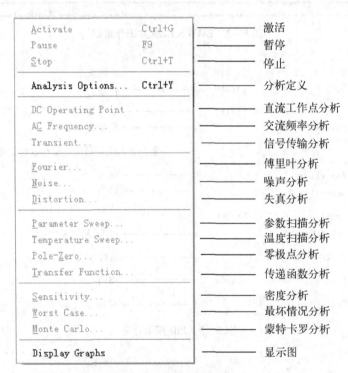

图 5-6   Analysis 菜单命令

Window 及 Help,如图 5-7 所示。

3. 常用工具栏

常用工具栏是一些常用快捷工具,有些与其他软件相同,光标指向某个工具会显示出它的功能,常用工具栏按从左向右的顺序如图 5-8 所示。

Window:

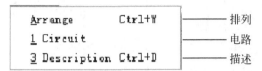

图 5-7　Window 及 Help 命令

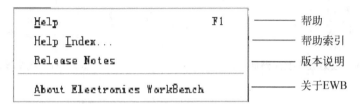

图 5-8　常用工具栏

4. 器件库与仪器库

常用器件库和仪器库工具栏如图 5-9 所示。

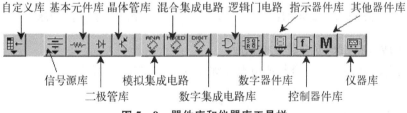

图 5-9　器件库和仪器库工具栏

1) 任意波形发生器库：

任意波形发生器库包含了电路电子学(数电与模电)及通信的大部分任意波形发生器,任意波形发生器库如图 5-10 所示。

2) 基本器件库：

常用基本器件库如图 5-11 所示。

3) 二极管库与晶体管库：

常用二极管库与晶体管库如图 5-12 和图 5-13 所示。

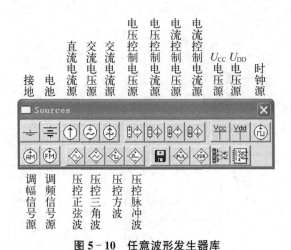

图 5-10 任意波形发生器库

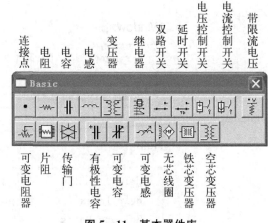

图 5-11 基本器件库

图 5-12 二极管库

图 5-13 晶体管库

4) 模拟集成电路库与混合集成电路库：

常用模拟集成电路库与混合集成电路库如图 5-14 和图 5-15 所示。

图 5-14 模拟集成电路库

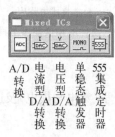

图 5-15 混合集成电路库

图 5-16 数字集成电路库

5) 数字集成电路库：

常用数字集成电路库如图 5-16 所示。

6）逻辑门电路库：

常用逻辑门电路库如图 5 - 17 所示。

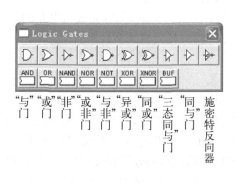

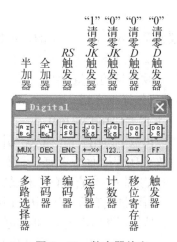

图 5 - 17　逻辑门电路库

图 5 - 18　数字器件库

7）数字器件库：

常用数字器件库如图 5 - 18 所示。

8）指示器件库：

常用指示器件库如图 5 - 19 所示。

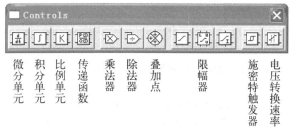

图 5 - 19　指示器件库

图 5 - 20　控制器件库

9）控制器件库：

常用控制器件库如图 5 - 20 所示。

10）其他器件库：

其他器件库如图 5 - 21 所示。

图 5 - 21　其他器件

图 5 - 22　仪器库

11）仪器库：

仪器库如图 5 - 22 所示。

5.2.3 EWB 5.12 的仪器介绍

库中仪器是 EWB 软件所带的一种具有虚拟面板的计算机仪器，主要由计算机和控制软件组成。操作人员通过图形用户界面用鼠标或键盘来控制仪器运行，以完成对电路的电压、电流、电阻及波形等物理量的测量，用起来几乎和真的仪器一样。在 EWB 平台上，共有 7 种虚拟仪器，下面将分别做详细介绍。

1. 数字万用表(Multimeter)

从库中取出数字万用表，光标双击图标，显示出数字万用表的虚拟面板，如图 5 - 23 所示，这是一种 4 位数字万用表，面板上有一个数字显示窗口和 7 个按钮，分别为电流(A)、电压(V)、电阻(Ω)、电平(dB)、交流(～)、直流(—)和设置(Settings)转换按钮，单击这些按钮便可做相应的选择。用数字万用表可测量交直流电压、电流、电阻和电路中两点间的分贝损失，并有自动量程转换的功能。利用设置按钮可调整电流表内阻、电压表内阻、欧姆表电流和电平表 0 dB 标准电压。虚拟万用表的使用方法与真实的数字万用表基本相同，其各物理量量程见表 5 - 1。

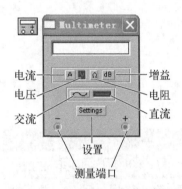

图 5 - 23 数字万用表的虚拟面板

表 5 - 1 数字万用表各物理量量程

电流表(A)	0.01 μA～999 kA
电压表(V)	0.01 μV～999 kV
欧姆表(Ω)	0.001 Ω～999 MΩ
交流频率	0.001 Hz～9 999 MHz

2. 信号发生器(Function Generator)

信号发生器是一种能提供正弦波、三角波或方波信号的电压源，它以方便而又不失真的方式向电路提供信号。信号发生器的电路符号和虚拟面板如图 5 - 24 所示。其面板上可调整的参数有波形、频率、占空比、输出幅度及直流偏移。需要说明的是输出端共有三个，即正端、负端和 Common 端，按不同端的使用其输出方式也不同：

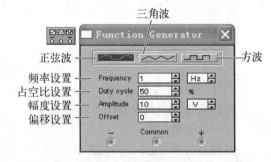

图 5 - 24 信号发生器的电路符号和虚拟面板

1) 用正端或负端和 Common 端输出，则幅度设置的参数是峰值。

2) 用正端和负端输出，则信号输出峰值是幅度设置值的 2 倍。

3. 示波器(Oscilloscope)

示波器的电路符号和虚拟面板如图 5 - 25 所示，这是一种可选用不同颜色显示波形的 1 000 MHz 双通道数字存储虚拟示波器。它与真的示波器一样，可用正边缘或负边缘进行内触发或外触发，时基可在秒至纳秒的范围内调整。为了提高测量精度，可卷动时间轴，用数显游标对电压波形进行精确测量。只要启动仿真按钮,示波器便可马上显示波形,将探头移到新的测试点时可以不关电源。与实际示波器一样,X 轴可左右移动,Y 轴可上下移动。当 X 轴为时间轴时,时基可在 0.01 ns/Div~1 s/Div 的范围调整。A 通道或 B 通道可通过 A/B 或 B/A 转换成 X 轴扫描来使用,主要用于测量双口网络输入与输出电压之间的关系(即电压传输特性),A、B 通道可分别设置 X 轴灵敏度和 Y 轴灵敏度,Y 轴的灵敏度范围为 0.01 mV/Div~5 kV/Div,X 轴的灵敏度范围为 0.1 ns/Div~1 s/Div,还可选择 AC 或 DC 两种耦合方式。单击示波器面板上的 Expand 按钮,可放大屏幕显示的波形,还可以将分析波形数据保存,用以在图表窗口中打开、显示或打印。要改变波形的显示颜色,可双击电路中示波器的连线,设置连线属性。

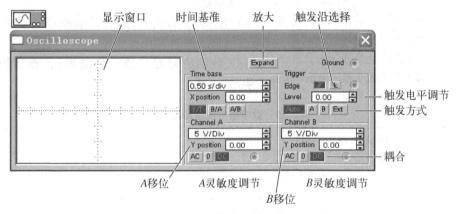

图 5-25　示波器的电路符号和虚拟面板

4. 波特图仪(Bode Plotter)

波特图仪能显示电路的频率响应曲线,这对分析放大器对频率的适应性、分析滤波器等电路是很有用的。波特图仪可用来测量一个电路的电压增益(单位:dB)或相移(单位:度)。使用时仪器面板上的输入端 In 接频率源(注:左正右负),输出端 Out 接被测电路的输出端(注:左正右负)。波特图仪的电路符号和虚拟面板如图 5-26 所示。

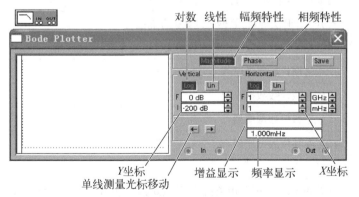

图 5-26　波特图仪的电路符号和虚拟面板

5. 数字信号发生器(Word Generator)

数字信号发生器的电路符号和虚拟面板如图 5-27 所示。其可产生 4 位十六进制数字(即 16 位二进制数字),输出的二进制数字信号送入电路或用来驱动或测试电路。仪器面板的左边为数

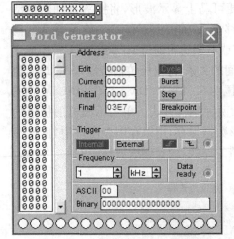

据存储区,每行可存储 4 位十六进制数,对应 16 个二进制数,激活仪器后,便可将每行数据依次输出。仪器发出信号时,可在底部的引脚上显示每一位二进制数。存储区的数字编程,可用以下三种方法任意一种来进行:

1) 单击其中一个字的某位数码,直接键入十六进制数(注意:1 位十六进制数对应 4 位二进制数)。

2) 先选择需要修改的行,然后单击 ASCII 文本框,直接键入 ASCII 字符(注意:1 个字符的 ASCII 码对应 8 位二进制数)。

3) 选择需要修改的行,然后单击 Binary 文本框,直接修改每位二进制数。

有关数字信号发生器的功能表(仪器面板上的项目)见表 5 - 2:

图 5 - 27　数字信号发生器的电路
符号和虚拟面板

表 5 - 2　数字信号发生器功能表

Edit	编辑指针所在行号
Current	当前行号
Initial	起始行号
Final	结束行号
Cycle	循环输出由起始行号和结束行号确定的数据
Burst	全部输出按钮,单击一次可依次输出由起始行号和结束行号确定的数据,完成后暂停
Step	单步输出按钮,单击一次可依次输出一行数据
Breakpoint	断点设置按钮,将当前行设为中断点,输出至该行时暂停
Pattern	模板按钮,单击调出预设模式选项对话框
Clear buffer	清零按钮,单击可清除数据存储区的全部数字
Open	打开 * .DP 文件,将数据装入数据存储区
Save	将数据区的数据以 * .DP 的数据文件形式存盘,以便调用
Up counter	产生递增计数数据序列
Down counter	产生递减计数数据序列
Shift right	产生右移位数据序列
Shift left	产生左移位数据序列
Trigger	触发方式设置
Frequency	时钟频率设置按钮,由数值升、数值降、单位升和单位降 4 个按钮组成,单击相应的按钮可将数字信号发生器的时钟频率设置为 1 Hz 至 999 MHz

另外,数字信号发生器还有一个外触发信号输入端和一个同步时钟脉冲输出端,其中同步时钟脉冲输出端"Data ready"可在输出数据的同时输出方波同步脉冲,这对研究数字信号的波形是很有用的。

6. 逻辑分析仪(Logic Analyzer)

逻辑分析仪的电路符号和虚拟面板如图 5－28 所示,它能显示 16 路数字信号的逻辑电平时序关系(16 线数字信号示波器),用于快速记录数字信号波形和对信号进行时间和触发沿分析。仪器面板左边的 16 个小圆圈可显示每行信号的 16 位二进制数,其与示波器相类似,可调整其时基和触发方式,也可用数显游标对波形进行精确测量。逻辑分析仪面板上还有停止(Stop)按钮、复位(Reset)按钮、时钟设置按钮和触发方式设置按钮。另外,改变 Clocks per division 栏中的数据可在 X 方向上放大或缩小波形。

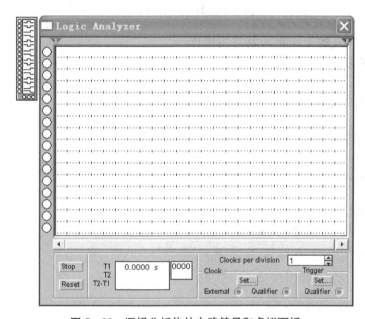

图 5－28　逻辑分析仪的电路符号和虚拟面板

7. 逻辑转换器(Logic Converter)

逻辑转换器的虚拟面板如图 5－29 所示。目前世界上还没有与逻辑转换器类似的物理仪器。在电路中加上逻辑转换器可导出真值表或逻辑表达式或输入逻辑表达式,电子工作平台就会建立相应的逻辑电路。仪器面板的上方有 8 个输入端(A、B、C、D、E、F、G、H)和一个输出端(OUT),单击输入端可在下边的窗口中显示出各个输入信号的逻辑组合(1或 0)。面板的右边排列着 6 个转换按钮(Conversions),分别是:从逻辑电路导出真值表、将真值表转换为逻辑表达式、化简逻辑表达式、从逻辑表达式导出逻辑电路和将逻辑电路转换为只用"与非"门的电路。使用时,将逻辑电路的输入端连接到逻辑转换器的输入端,逻辑电路的输出端连接到逻辑转换器的输出端,只要符合转换条件,单击按钮即可完成相应的转换。

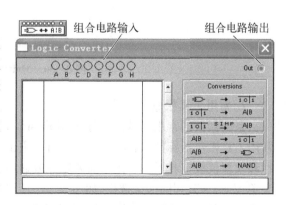

图 5－29　逻辑转换器的虚拟面板

另外,在电子工作平台的指示器件库中,还有虚拟电流表和电压表,虚拟电流表是一种自动转换量程、交直流两用的三位数字表,测量范围为 0.01 μA～999 kA,交流频率范围为 0.001 Hz～9 999 MHz。虚拟电压表也是一种交直流两用的三位数字表,测量范围为 0.01 μV～999 kV,交流频率范围为 0.001 Hz～9 999 MHz。这两种表在电子工作平台上的使用数量不限,并且可用旋转灵活地改变接线的方向,在虚拟电流表和电压表的图标中,带粗黑线的一端为负极。双击它的图标,会弹出其属性设置对话框,可用来设置标签、改变内阻、切换直流(DC)与交流(AC)测量方式等。

5.3 Multisim 10.0 软件的操作方法

5.3.1 Multisim 10.0 的工作界面及常用操作

1. EWB 的主窗口

启动 Multisim 10.0 软件后,屏幕显示如图 5-30 所示,软件工作界面主要由菜单栏、工具栏、电路窗口等组成,模拟了一个实际的电子工作平台。

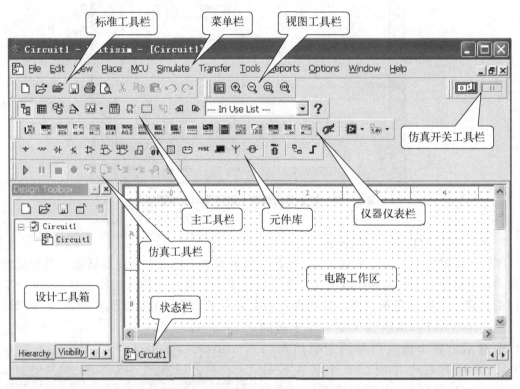

图 5-30 Multisim 10.0 工作界面

2. 常用工具栏命令

系统默认的常用工具栏在打开 Multisim 10.0 程序时,就会出现在电路窗口的上方或右侧。常用工具栏包括标准工具栏、视图工具栏、主工具栏、仿真开关工具栏、元器件工具栏、仿真工具栏和仪器仪表工具栏。若用户需要隐藏或显示这些常用工具栏或者展开其他工具栏,可以通过菜单 View→Toolbars 来选择,如图 5-31 所示。工具栏是浮动窗口,所以不同用户的显示会有所不同,用鼠标右键单击该工具栏就可以选择显示不同工具栏,或者用鼠标左键单击该工具栏

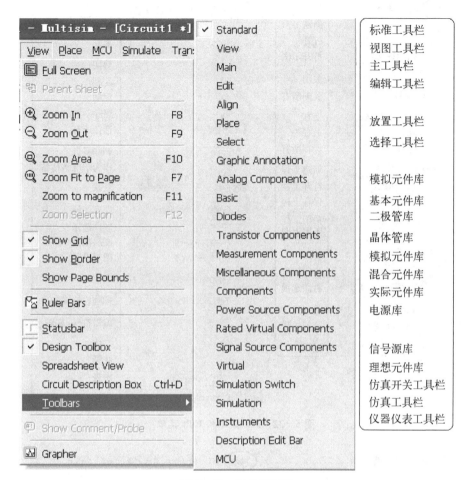

图 5‒31　工具栏列表

不要放,此时可以随意拖动。

3. 下拉菜单栏命令

Multisim 10.0 的 12 个菜单栏包括了该软件的所有操作命令。从左至右分别为：File(文件)、Edit(编辑)、View(视图)、Place(放置)、MCU、Simulate(仿真)、Transfer(文件转换)、Tools(工具)、Reports(报表)、Options(选项)、Window(窗口)、Help(帮助)。图 5‒32~图 5‒37 所示为各个菜单栏的下拉菜单命令。

4. 器件库与仪器仪表库

图 5‒38 所示为 Multisim 10.0 的实际元件库,单击元件库栏的某一个图标即可打开该元件库。

1) Sources 电源库有多种电源器件,有为电路提供电能的独立电源,有作为输入信号的各种任意波形发生器及表示电路电压、电流控制关系的各种受控源,还有接地端和数字信号地等。

2) Basic 基本元件库中有连接器、插座、开关、继电器、电阻、电容、电感和变压器等。

3) Diodes Components 二极管库中有各种类型的二极管。

4) Transistors Components 晶体管库中有各种类型的晶体管。

5) Analog Components 模拟集成电路库中有运算放大器、比较器等。

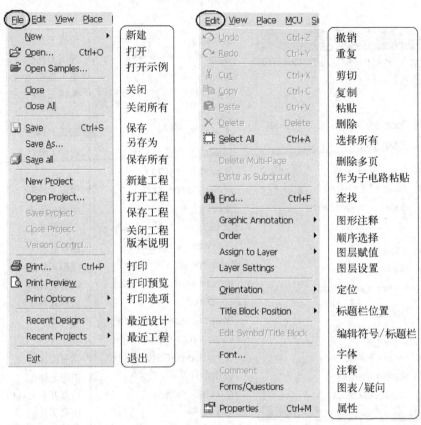

图 5 - 32　File 菜单和 Edit 菜单

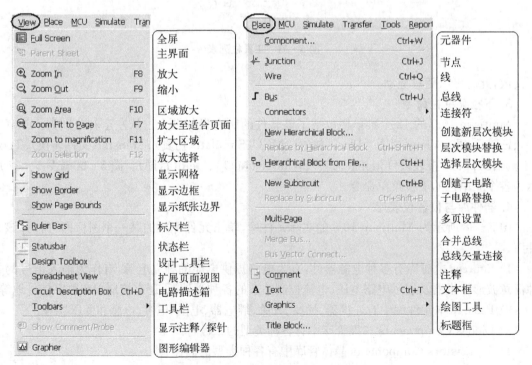

图 5 - 33　View 菜单和 Place 菜单

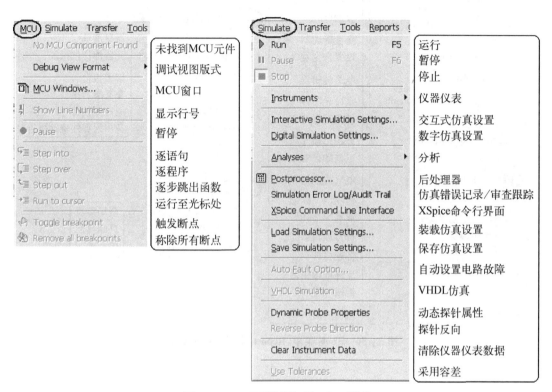

图 5‐34　MCU 菜单和 Simulate 菜单

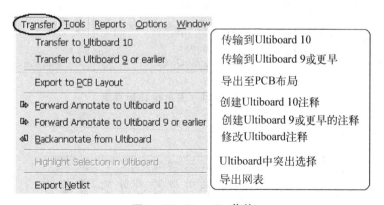

图 5‐35　Transfer 菜单

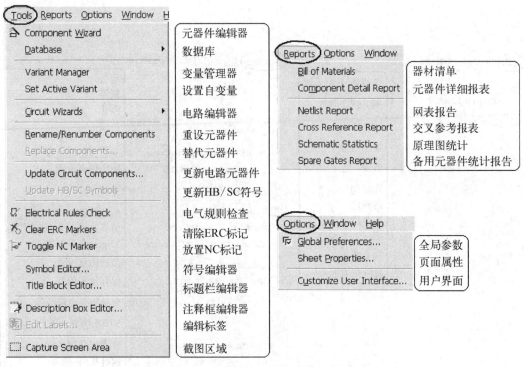

图 5 - 36　Tools 菜单、Reports 菜单、Options 菜单

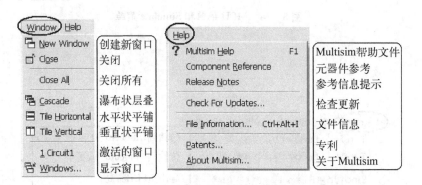

图 5 - 37　Window 菜单和 Help 菜单

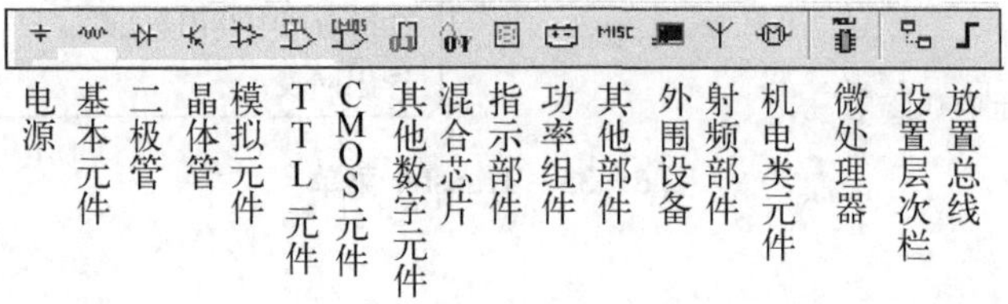

电源　基本元件　二极管　晶体管　模拟元件　TTL元件　CMOS元件　其他数字元件　混合芯片　指示部件　功率部件　其他组件　外围设备　射频部件　机电类元件　微处理器　设置层次栏　放置总线

图 5 - 38　实际元件库

6）TTL 器件库含有 74 系列的 TTL 数字集成逻辑器件。

7）CMOS 元件库含有 74HC 系列和 4000 系列等 CMOS 数字集成逻辑器件。

8）Misc Digital Components 其他数字部件库中包含了把常用的数字元件按照其功能存放的 TTL 元件箱。

9）Mixed 混合芯片库中有定时器、AD/DA 转换器、模拟开关、单稳态振荡器等。

10）Indicators 指示部件库中包含 8 种可用来显示电路仿真结果的显示器件，有电压表、电流表、蜂鸣器、LED 数码显示器等。

11）功率组件库包含有熔丝、电压校准器、电压基准器等。

12）其他部件库中有晶振、光耦合器、真空管、转换器等。

13）外围设备库中包含按键、液晶显示器、终端、外围设备 4 个元件箱。

14）RF 射频部件库中有射频电容器、射频电感器等。

15）机电类元件库中有感测开关、计时接触器等。

16）微处理器库中有 8051、8052、PIC 单片机、数据存储器和程序存储器。

图 5-38 的后两个图标为设置层次栏和放置总线的功能按钮。

Multisim 10.0 的仪器仪表库提供了包含数字万用表、任意波形发生器、示波器等共 21 种虚拟仪器，如图 5-39 所示，这些虚拟仪器的面板打开后看起来就和真实仪器一模一样，虚拟仪器和真实仪器的操作方式也非常类似。这些仪器能够逼真地对电路进行各种测试。

图 5-39　仪器仪表库

选用仪器时，可用鼠标左键选中所用仪器的图标，移动鼠标到电路窗口中，点击鼠标左键就可以放置所选仪器。用鼠标双击仪器图标就会打开仪器面板，可以设置、调整参数。

5.3.2　Multisim 10.0 的仪器介绍

下面详细介绍仿真实验中比较常用的几种仪器：数字万用表、功率计、任意波形发生器、两通道示波器、失真分析仪、频率计数器。

1. 数字万用表

数字万用表是一种比较常用的仪器，它能够完成交直流电压、交直流电流、电阻及电路中两点之间的分贝（dB）损耗的测量。与实际万用表相比，它的优点在于能够自动调整量程。

如图 5-40 所示，从左至右分别为数字万用表的图标和操作界面。图中的"＋""－"两个端子用来与待测的端点相连，使用数字万用表时，需要注意

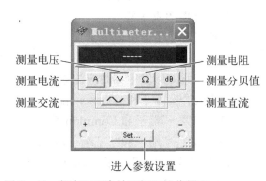

图 5-40　数字万用表的图标和操作界面

以下两点：

  1) 测量电阻和电压时，应与待测的端点并联。

  2) 测量电流时，应串联在待测支路中。

  使用数字万用表时，按照要求将仪器与电路相连接，并选择测量电压、电流或电阻等，如图 5-40 所示。选择测量交流时，显示的测量结果为有效值。

  选择"Set..."按钮可打开数字万用表的内部参数设置界面，如图 5-41 所示。

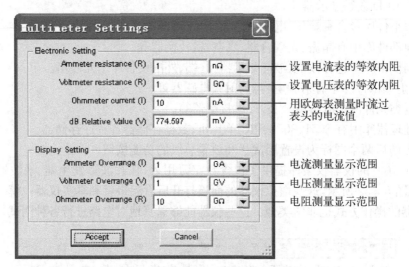

图 5-41　数字万用表参数设置界面

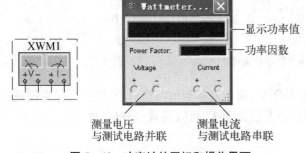

测量电压　　　　测量电流
与测试电路并联　与测试电路串联

图 5-42　功率计的图标和操作界面

2. 功率计

  功率计可用来测量电路的功率，交流或者直流电路都可测量。功率的单位为瓦特，所以该仪器又称为瓦特表。如图 5-42 所示，从左至右分别为功率计的图标和操作界面。

  功率的大小是流过电路的电流和电压差的乘积。功率计也能测量功率因数，功率因数是电压和电流相位差角的余弦

值。Power Factor 为功率因数，其取值范围为 0~1。

3. 任意波形发生器

  任意波形发生器可以提供正弦波、三角波和方波三种不同波形的信号。如图 5-43 所示，从左至右分别为任意波形发生器的图标和操作界面。

  使用任意波形发生器时应注意以下几点：

  1) 连接"+"端子和 Common 端子，输出信号为正极性信号，幅度单位为 V_p，下标 p 表示峰值。

  2) 连接"-"端子和 Common 端子，输出信号为负极性信号。

  3) 连接"+"端子和"-"端子，输出信号的幅值等于 Amplitude 设定值的两倍。

  4) 同时连接"+"端子、Common 端子和"-"端子，且把 Common 端子接地（与公共地 Ground 符号相连），则输出的两个信号幅度相等，极性相反。

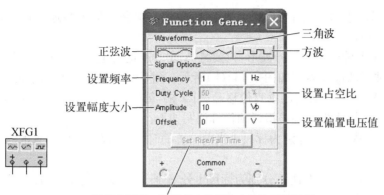

图 5-43　任意波形发生器的图标和操作界面

设置任意波形发生器频率时,其可选范围为 0.001 pHz～1 000 THz;设置占空比时,其可选范围为 1%～99%;设置幅度大小时,其可选范围为 0.001 pV～1 000 TV;设置偏置电压值时,就是把正弦波、三角波和方波叠加在设置的偏置电压上输出,其可选范围为 −999～999 kV。(在 Multisim 中:$p=10^{-12}$,$n=10^{-9}$,$\mu=10^{-6}$,$m=10^{-3}$,$k=10^{3}$,$M=10^{6}$,$G=10^{9}$,$T=10^{12}$。)

5) Set Rise/Fall Time 按钮:选择方波时,设置所要产生信号的上升和下降时间,栏中以指数格式设定上升时间(下降时间),有三个单位可选:nSec、μSec、mSec,再点击 Accept 按钮,完成设置。如果点击 Default 按钮,则恢复默认设置。

4. 两通道示波器

示波器是电子实验中经常用到的仪器。两通道示波器的图标上共有 6 个端子,分别为 A、B 通道的正、负端和外触发的正、负端,如图 5-44(a)所示。使用两通道示波器时需要注意以下两点:

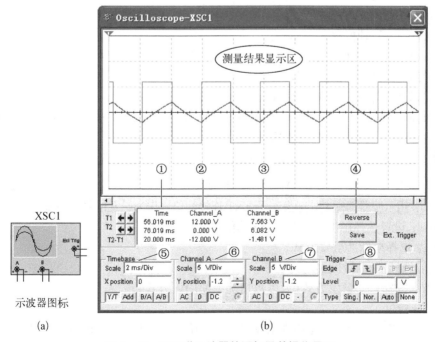

(a)　　　　　　　　　　　　　　(b)

图 5-44　两通道示波器的图标及其操作界面

1) A(或者 B)通道的正端与待测点相连接,负端与电路中的公共地相连接,测量的是该点与地之间的电压波形。

2) 若要测量器件两端的信号波形,只要将 A 或 B 通道的正、负端与器件两端相连。

两通道示波器的操作界面如图 5-44(b)所示。测量结果显示区有两个可移动的垂直标尺 T_1、T_2。注意 A、B 两个通道的垂直位移是-1.2 格,每格等于 5 V,即图形整体下移了 6 V。

两通道示波器操作界面各项指标的详细说明如下:

① Time 项:从上往下分别为标尺 1 当前位置的时间,标尺 2 当前位置的时间,两标尺之间的时间差。

② Channel_A 项:从上往下分别为标尺 1 处 A 通道的输出电压值,标尺 2 处 A 通道的输出电压值,两标尺处电压差。

③ Channel_B 项:与 Channel A 项相同,相对于 B 通道。

④ Reverse 按钮:改变结果显示区的背景颜色(白或黑)。

Save 按钮:以 ASCII 文件形式保存扫描数据。

Ext Trigger:外触发。

⑤ Timebase 区:

Scale:设置 X 轴方向时间分度值 TIME/DIV(即扫描速度)。

X postion:X 轴位移。

Y/T:表示 Y 轴方向显示 A、B 通道的输入信号,X 轴方向是时间轴,按设置时间进行扫描。当要显示随时间变化的信号波形时,采用该方式。

Add:表示 X 轴按设置时间进行扫描,而 Y 轴方向显示 A、B 通道的输入信号之和。

B/A:表示将 A 通道信号作为 X 轴扫描信号,将 B 通道信号施加在 Y 轴上。

A/B:表示将 B 通道信号作为 X 轴扫描信号,将 A 通道信号施加在 Y 轴上。

⑥ Channel A 区:

Scale:A 通道 Y 轴偏转灵敏度。

Y postion:Y 轴位移。

AC:表示屏幕仅显示输入信号中的交流分量。

0:表示输入信号对地短路。

DC:表示屏幕将信号的交直流分量全部显示。

⑦ Channel B 区:设置 Y 轴方向 B 通道输入信号的灵敏度、位移等,与 Channel A 区相同。

⑧ Trigger 区:设置示波器触发方式。

▱ ▱ :触发信号的极性,表示将输入信号的上升沿或下降沿作为触发信号。

▱ ▱ :触发源。表示用 A 或 B 通道的输入信号作为同步 X 轴时基扫描的触发信号。

EXT:用示波器图标上外触发端子 EXT 连接的信号作为触发信号来同步 X 轴时基扫描。

Level:设置选择触发电平的大小(单位可选)。

Sing:选择单脉冲触发方式。

Nor:选择常态脉冲触发方式。

Auto:选择自动触发方式(大多数情况下使用该方式)。

5. 失真分析仪

失真分析仪是一种用来测量电路总谐波失真和信噪比的仪器,如图 5-45 所示,从左至右分别为失真分析仪的图标和操作界面。

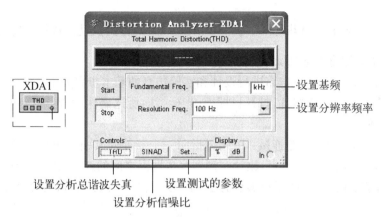

图 5－45　失真分析仪的图标和操作界面

THD 按钮：设置分析总谐波失真的测试值，单位可选用"％"，也可以选用"dB"。

SINAD 按钮：设置分析信噪比，单位只可选用"dB"。

Set 按钮：设置测试的参数，单击该按钮后出现如图 5－46 所示界面。THD Definition 区只用于设置总谐波失真的定义方式，包括 IEEE 和 ANSI／IEC 两种定义方式。

6. 频率计数器

频率计数器主要用来测量信号的频率、周期、相位，脉冲信号的上升沿、下降沿，如图 5－47所示，从左至右分别为频率计数器的图标和操作界面。

图 5－46　设置测试参数

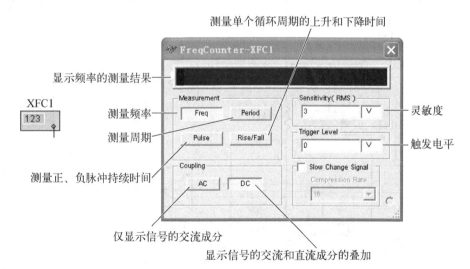

图 5－47　频率计数器的图标和操作界面

使用过程中应注意根据输入信号的幅值调整频率计的灵敏度和触发电平，当输入信号的电平达到并超过触发电平时，才开始测量并显示。

5.4 基于 EWB 5.12 与 Multisim 10.0 的仿真电路设计实例

5.4.1 电路设计与仿真实验基本设计方法

使用 EWB 或 Multisim 对电路进行设计和实验仿真的基本步骤如下：

1. 从器件库中取出虚拟器件(打开目标库,光标指向所选器件,按左键拖向工作区,放掉左键即选好一个器件)。

2. 在工作区建立电路(电路连接:用光标指向一个器件使其引脚出现小黑点,按左键移动到另一器件引脚端点出现的小黑点,放掉左键即完成两点之间的连线,或指向某条线处,放掉左键即连好一根带节点的线,要注意小黑点有上、下、左、右共四个方向,指向哪个方向就从这个方向进行连线)。

3. 选定元件的型号、设置元件的参数和标号(用光标双击器件,设置器件的参数及标号)。

4. 从仪器库中取出所用的测量仪器,连接任意波形发生器等虚拟测量仪器(光标双击仪器,设置仪器属性,如电压表和电流表是交流还是直流,内阻是多少,函数发生器频率是多少,幅度是多少,是何种波形,示波器选择何种耦合方式,Y 轴、X 轴的灵敏度如何选择等)。

5. 选择分析功能和参数(可选)。

6. 激活电路进行仿真。

7. 保存电路图和仿真结果。

5.4.2 EWB 5.12 仿真电路设计与实验仿真

1. 555 集成定时器内部电路仿真

555 集成定时器能做很多不同种类的电路,但不了解其内部结构是无法实现的。按其内部结构,从器件库中取出 7 个电阻、1 个电容、2 个电压比较器、2 个"与非"门,从仪器库中取出 2 个电压表和 1 个示波器,将这些器件和仪器连接成如图 5 - 48 所示电路。

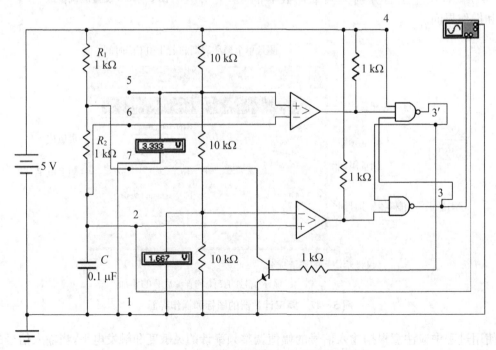

图 5 - 48　555 集成定时器内部电路仿真电路图

　　将结构外器件设置成 $R_1 = R_2 = 1\ \text{k}\Omega$，$C = 0.1\ \mu\text{F}$，内部电阻为 3 个 10 kΩ、2 个 1 kΩ，光标双击 3′"与非"门，将输入端设置成 3 个输入端，双击比较器，进入编辑栏，将 INPUT OFFSET VOLTAGE(输入偏移电压)设置成 0.005 V，电源设置成 5 V，电压表设置成 DC，示波器耦合设置成 DC。启动仿真按钮，可以清楚看到，6 脚的比较电位为 3.333 V（即 5 脚电位等于 $2/3\,U_{\text{CC}}$)，2 脚的比较电位为 1.667 V（即 2 脚电位等于 $1/3\,U_{\text{CC}}$)，此时示波器显示 3 脚的输出波形，如图 5-49 所示。

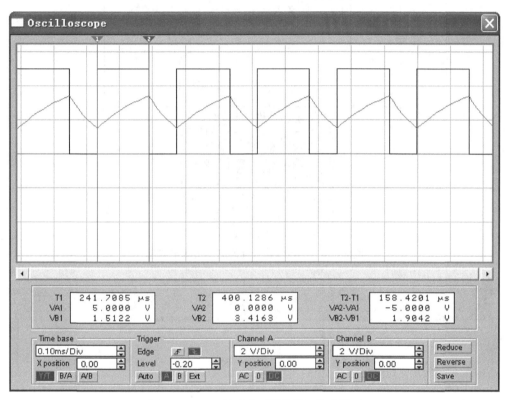

图 5-49　555 集成定时器管脚 3 输出波形

　　图 5-49 中，方波信号波形是 3 脚的输出波形，中间波形是电容的充放电波形，当充电到大于近 $2/3\,U_{\text{CC}}$时，输出跳到低电平，此时 3′为高电平，三极管导通 C 放电，放电到小于近 $1/3\,U_{\text{CC}}$时，输出跳到高电平，此时 3′为低电平，三极管截止 C 充电，周而复始形成振荡。示波器的 Y 轴的灵敏度为 2 V/Div，X 轴的灵敏度为 0.1 ms/Div，由示波器光标测出 $T_1 = 158\ \mu\text{s}$，$T_2 = 83\ \mu\text{s}$，电容充放电下限为 1.512 2 V，上限为 3.416 3 V。显然有一些误差，这些误差主要是器件参数误差。

　　理论上 $T_1 = (R_1 + R_2) \times C \times \ln 2$，$T_2 = R_2 \times C \times \ln 2$，$T = T_1 + T_2$。

2. 电压传输特性的测试

　　取 4 个理想三极管，3 个 1 kΩ 电阻，连接构成如图 5-50 所示电路，输入端接函数发生器，输出端接示波器。

　　函数发生器的波形参数设置如下：波形为三角波，频率为 0.1 Hz，占空比为 50%，幅度为 5 V，示波器耦合为 DC，CH1 灵敏度为 2 V/Div，CH2 灵敏度为 2 V/Div，启动仿真按钮，得到输入输出波形，如图 5-51 所示。

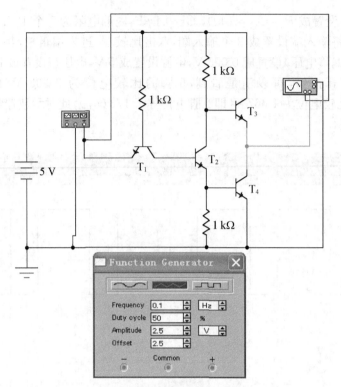

图 5‒50　电压传输特性的测试仿真电路图

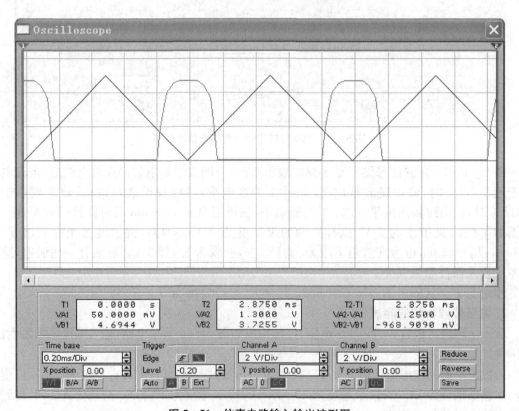

图 5‒51　仿真电路输入输出波形图

由图 5-51 的波形可看出,当输入三角波大于 1.4 V 左右时,输出下降到低电平;当输入三角波小于 1.4 V 左右时,输出上升到高电平。而输出上升和下降均需要时间,理论上称作上升时间和下降时间,此时只要按下示波器的 B/A、A/B 转换按钮(将某通道信号作为 X 扫描信号),就可以显示出一幅输入输出电压关系的电压传输特性图,如图 5-52 所示。

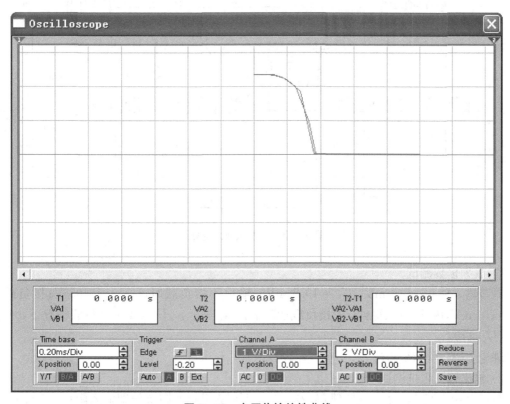

图 5-52　电压传输特性曲线

（X 轴）CH1 灵敏度设为 1 V/Div,（Y 轴）CH2 灵敏度设为 2 V/Div,CH1 通道对应的信号是幅度为 5 V 的三角波输入扫描信号,CH2 通道对应的信号是最大幅度为 5 V 的正弦波输出,当输入大于 1.4 V 左右时输出开始下降,输入到 1.7 V 左右输出接近于 0,也可用光标直接测量开门电平、关门电平等,而这就是普通 TTL 逻辑“非”门电路的典型电压传输特性。

3. 共基极放大电路输入阻抗与频率特性

从器件库中取出三极管、电阻电容、可变电阻器、电源、接地及开关连接成如图 5-53 所示电路,电路器件的参数设置也如图 5-53 所示,其中可变电阻为 100 Ω,三极管选择 2N2712。

从显示库中取出四个电压表,其中三个电压表分别测量输入有效值 U_S、U_i、U_O（光标双击表选择 AC）,另一个电压表测量发射极电阻两端的直流电压（光标双击表选择 DC）。

从仪器库中取出万用表、函数发生器、示波器、扫频仪,按图 5-53 所示连接电路,双击仪器,将万用表设置成测量可变电阻（注意可变电阻编号相同）,函数发生器设置成波形对称正弦波（Offset 为 0、占空比为 50%）,示波器输入通道灵敏度为 10 mV/Div,输出通道灵敏度为 1 V/Div,扫频仪设置成 FI 对数坐标为 0~50 dB,扫频范围对数坐标为 1 MHz~1 GHz,启动仿真按钮便可进行电路仿真及测试。

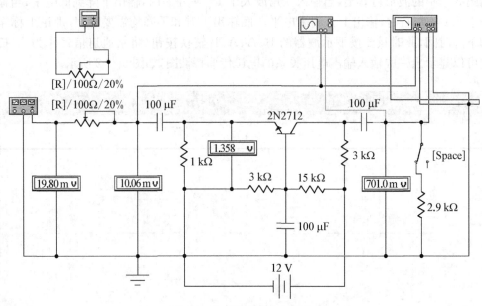

图 5-53　共基极放大电路

1) 放大倍数测试

调节输入使 $U_i = 10$ mV，$U_S = 19.8$ mV。输出不接负载时，$U_{OC} = 1.405$ V；接负载时，$U_{OL} = 701$ mV，因此，可以得到：不接负载情况下，$A_{VC} = U_{OC}/U_i = 40$；接负载情况下，$A_{VL} = U_{OL}/U_i = 70$。

理论上 $A_{VL} = \beta R_C/R_L/r_{be}$，$r_{be} \approx 200 + (1+\beta)26/I_E$。

2) 输出输入阻抗测试

打开万用表调节可变电阻器使 $U_S/2 = U_i$，万用表显示的阻抗值即输入阻抗，$r_i = 20$ Ω，改变负载电阻使 $U_{OL} = 1/2U_{OC}$，负载大小即输出阻抗，$r_o = 2.9$ kΩ。理论上输出阻抗近似为 R_C，输出阻抗 $r_i = r_{be}/(1+\beta)$，$r_{be} \approx 200 + 26(1+\beta)/I_E$，$I_E = 1.358$ mA。

3) 频率特性测试

光标双击扫频仪，启动仿真按钮，调节 Y 轴（0～50 dB）和 X 轴（1 MHz～1 GHz），显示出幅频特性图，如图 5-54 所示。

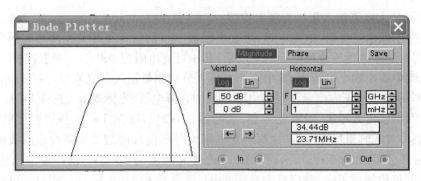

图 5-54　幅频特性图

由光标测出中心频率处的增益为 37.28 dB,增益为 -3 dB 处的上限频率为 23.71 MHz,下限频率为 85 Hz 左右。因此,通过上述仿真实验可知,共基极放大电路的特点是输入阻抗低,输出阻抗近似为 R_C,增益高,频率适应范围宽(频带宽)。

4. 温度扫描分析

电源经电阻使二极管导通,二极管两端电压约为0.7 V。由 EWB 的温度扫描功能可得到二极管端电压随温度变化的扫描曲线,具体操作如下:首先,在器件库中取出电源、电阻、二极管,然后按图 5-55 所示连接电路,并将电源设为 12 V,电阻设为 1.2 kΩ,二极管选择 1N3064,进入菜单 Circuit\schematic Options,显示 Nodes。

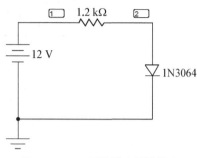

图 5-55　二极管端电压随温度变化的扫描电路

进入菜单 Analysis /Temperature Sweep,设置 0～100℃,步进为 10℃,输出端点 2,启动 Simulate 仿真按钮,显示如图 5-56 所示。

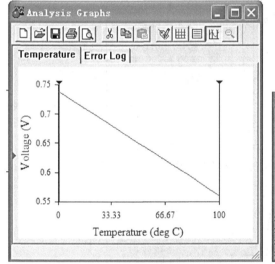
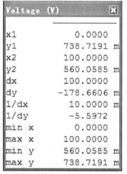

图 5-56　二极管端电压随温度变化的扫描曲线

由图 5-56 可以看出,在二极管工作情况下,当环境温度从0℃变化到100℃的同时,二极管的端电压从 0.738 V 线性下降到 0.56 V,因此,温度每变化 1℃引起的电压变化约为 1.78 mV(理论上温度每变化 1℃,二极管端电压约变化 2 mV)。

注意:要显示曲线必须使软件与计算机的显示分辨率相配,计算机分辨率在 1 024/768 以下即可,设置过程为设置分辨率→重新启动 EWB→打开或重建文件→进行仿真。

5. 组合逻辑电路仿真

如要分析全加器电路的真值表和简化函数,可从器件库中取出两个"异或"门和三个"与非"门,从仪器库中取出逻辑转换仪,根据图 5-57 所示连接电路。

光标双击逻辑转换仪,按 Space 键切换选择输出,依次按 Conversions 进行转换,在 CI 输出情况下,组合逻辑电路的真值表与简化函数如图 5-58 和图 5-59 所示。

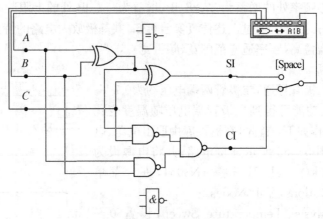

图 5-57 组合逻辑电路

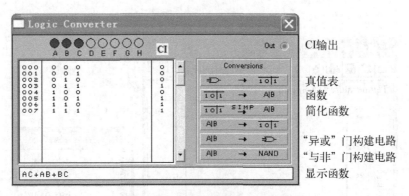

图 5-58 组合逻辑电路的真值表

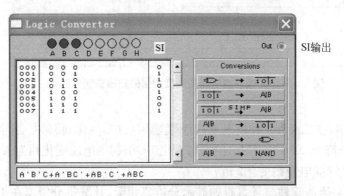

图 5-59 组合逻辑电路的简化函数

此外,还可以按图 5-60 所示电路进行变量的输入与输出测试,列出真值表,写出简化函数,分析电路的逻辑功能。

6. 时序逻辑电路仿真

从元件库中取出 74LS163 加法计数电路,根据 74LS163 的管脚定义,按照图 5-61 所示连接电路。

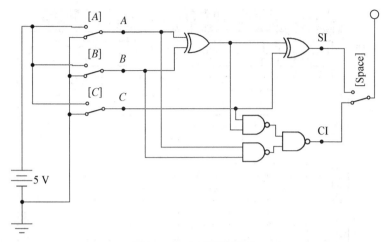

图 5-60　组合逻辑电路

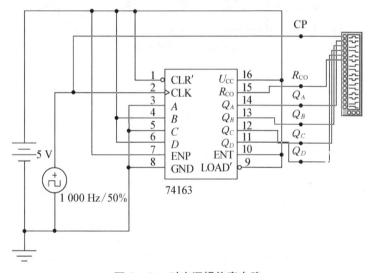

图 5-61　时序逻辑仿真电路

接上电源电压和输入方波信号,输出端接逻辑测试仪(16 线逻辑示波器),按顺序测量 CP、R_{CO}、Q_A、Q_B、Q_C、Q_D 端的输出信号。其中,电源设置为 5 V,方波信号设置为 0～5 V,逻辑测试仪的 Clocks per division 设置为 8,启动仿真按钮,得到时序波形图,如图 5-62 所示。

光标距离为一个计数周期,由图 5-62 可看出 74163 芯片为上跳变触发的加法计数电路,计数规律为 0～15,计到 15 时 R_{CO} 输出进位信号,波形的时序关系可以清晰准确地读出。

7. 简易函数发生器

选取运放、电阻和电容等基本器件构成简易函数发生器,并从元件库中取出 2 个三极管、2 个集成运算放大器、3 个可调电位器、正负电源等,根据图 5-63 所示连接电路。

1) 光标双击运放,选择 LF353,进入 EDIT,将电源设置为 ±12 V。

2) 将所有器件的数值按图中所示设置。

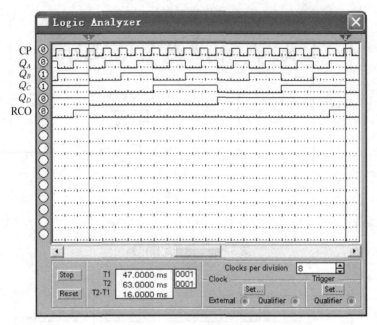

图 5 - 62　时序波形图

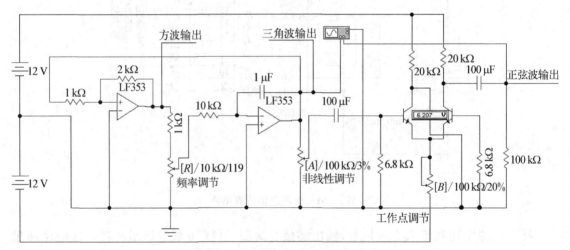

图 5 - 63　简易任意波形发生器电路

3) 将非线性调节到最小(0%),启动仿真按钮,调节工作点使集电极电位 U_C 约为 6 V。

4) 用示波器测量方波与三角波,在波形正常情况下进行非线性调节,直至产生较好的正弦波输出(输出频率取决于方波幅度与积分时间常数)。

经过调节后输出的三角波与正弦波波形如图 5 - 64 所示。

5.4.3　Multisim 10.0 仿真电路设计与实验仿真

1. 电容式三点振荡电路

从器件栏中取出电阻、电容、三极管、电源、地以及仪器(示波器、频率计、失真度仪),构成如图 5 - 65 所示的电路。

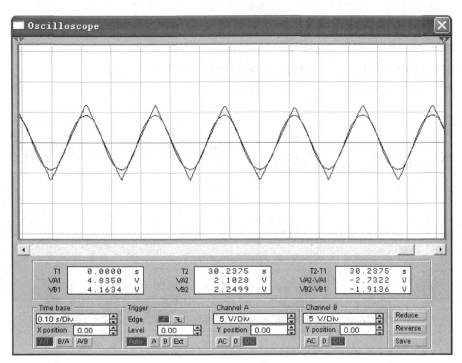

图 5‑64　三角波与正弦波波形

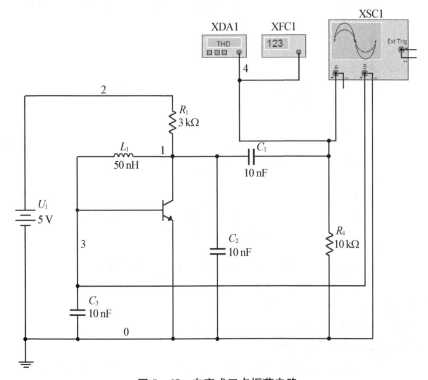

图 5‑65　电容式三点振荡电路

电路中 XDA1 为失真度仪,XFC1 为频率计,XSC1 为示波器。用光标双击图中器件,将器件数值设置为图中数值,三极管电流放大系数改为 100,启动仿真按钮。调节频率计的 Trigger,使其显示频率,调节失真度仪的 Fundamental Freq 和 Resolution Freq,使其显示失真度,调节示波器的 Y 轴和 X 轴的灵敏度,使波形显示清楚且大小合适。

仿真结果如图 5-66 所示。结果分析如下:

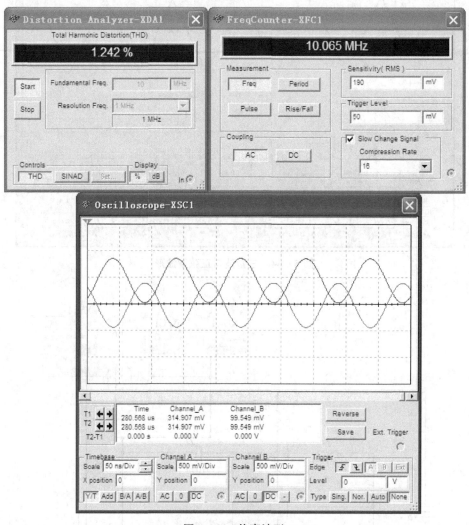

图 5-66　仿真波形

1) 输出波形为正弦波,坐标上为基极波形,对称波形为输出波形,示波器的 Y 轴和 X 轴的灵敏度都为 500 mV/Div,所以输出 U_{opp} 约为 0.8 V;

2) 正弦波输出的频率约为 10 MHz;

3) 正弦波输出的失真度约为 1.2%。

2. 施密特触发器传输特性的仿真

取出运放 LF353、电阻、电源、函数发生器、示波器,根据图 5-67 所示连接电路,光标双击器件修改器件参数,函数发生器的输出波形参数设置如下:波形为三角波,频率为 1 Hz,占空比为 50%,幅度为 5 V,运放的输出饱和值为 ±10 V,示波器灵敏度 A 为 5 V/Div,B 为 5 V/Div,启动仿真按钮。

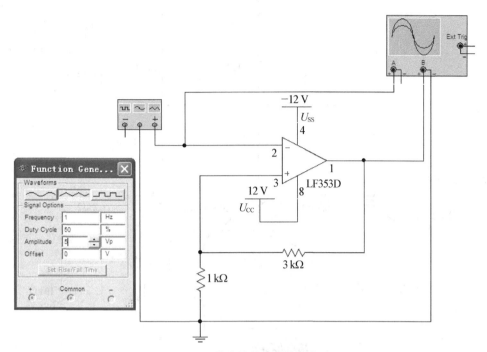

图 5－67　施密特触发器仿真电路

示波器按下 Y/T,显示出输入三角波和输出方波之间的波形关系,此时按下 B/A 或 A/B,
示波器某通道转换成 X 扫描,得到电压传输特性曲线,如图 5－68 所示。

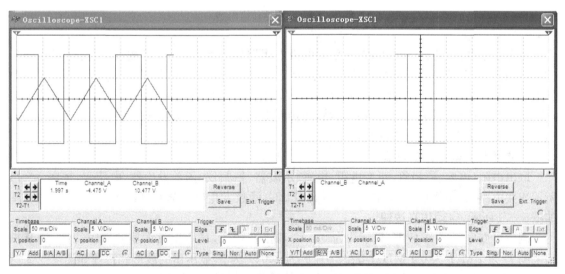

图 5－68　施密特触发器输出波形及电压传输特性曲线

从图中可以直观地看到触发电平的上、下限为±2.5 V,回差为 5 V。

3. 非线性转换电路的仿真(三角波转换成正弦波)

取出电阻、电容、可变电阻器、三极管、函数发生器、示波器、电压表,根据图 5－69 所示连接
差分电路。

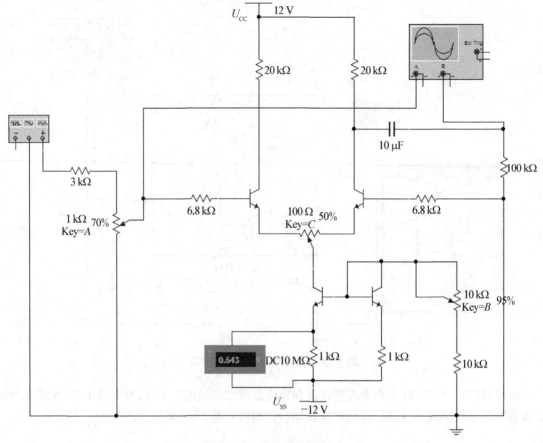

图 5 - 69 非线性转换电路

光标双击器件,修改器件参数,这里集电极电阻取值较大,即放大倍数较大,使电路较容易进入饱和区,将差分平衡可变电阻器 C 设置为 50%,启动仿真按钮,调节工作点电位器 B 使电压表显示约为 $0.6\,V$,将函数发生器置为 $1\,kHz/1\,V_P$ 三角波信号,调节输入三角波大小的可变电阻 A 使示波器显示输出波形为正弦波,可由正弦波失真度仪测出失真度约为 0.6%,输入输出之间的波形关系如图 5 - 70 所示。

4. 选频放大器电路的仿真

取出电阻、电容、三极管、可变电阻、电感、示波器、扫频仪、函数发生器、电压表,按图 5 - 71 所示连接电路,其中将输入输出电压表设置成 AC,函数发生器设置成 $14.14\,mV(V_P)$,仿真图如图 5 - 71 所示,启动仿真按钮。

调节可变电阻器 A 使 V_E 显示约为 $0.1\,V$,双击扫频仪,显示出放大器的选频特性,调节扫频范围 F 为 $1\,M$、I 为 $0.1\,MHz$,增益范围 F 为 100、I 为 0,显示出的波形和特性如图 5 - 72 所示。从示波器显示的波形看出,谐振时为纯阻抗反相放大器,移动扫频仪光标,测出中心频率约为 $465\,kHz$,增益为 77 倍,带宽约为 $50\,kHz$,而这就是典型的收音机中频放大电路,仿真结果如图 5 - 72 所示。

5. 升压电路的仿真分析

取出电阻、电容、三极管、电感、二极管、方波任意波形发生器、示波器、电流表、电压表、功率表,按图 5 - 73 所示连接开环电路。

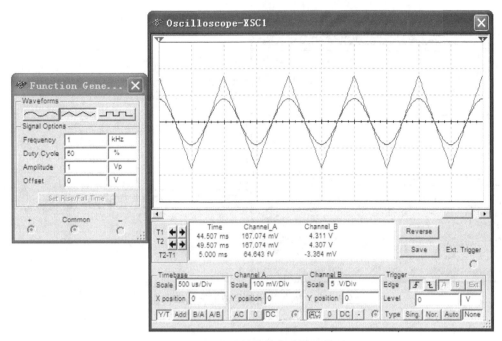

图 5 - 70　非线性转换电路输出波形

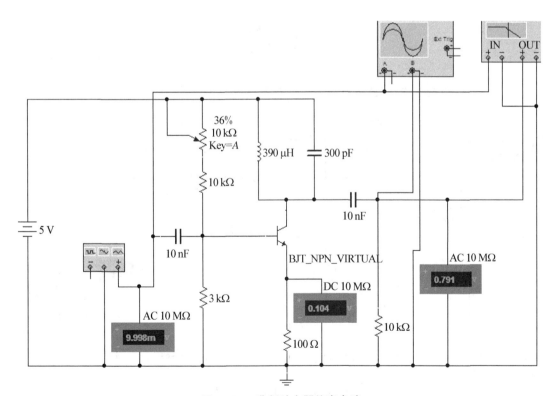

图 5 - 71　选频放大器仿真电路

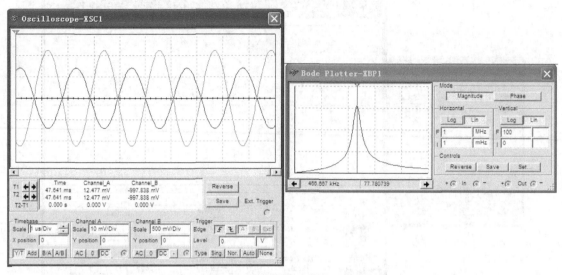

图 5-72　输入输出信号波形及频率特性

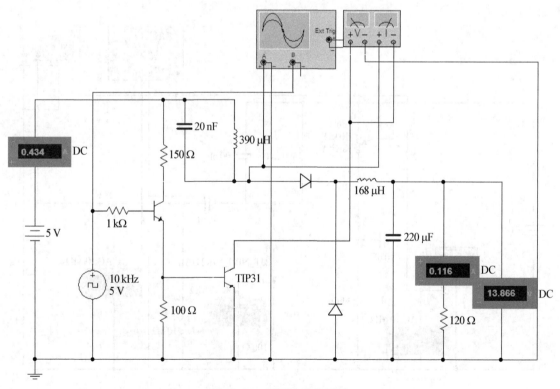

图 5-73　开环电路仿真图

用光标双击器件,修改器件参数,将方波频率改为 10 kHz,占空比改为 70%,启动仿真按钮。运行到基本稳定时,输出直流电压为 13.86 V,负载电流为 0.116 A,电源电流为 0.434 A,可算出转换效率约为 74%,双击示波器和功率表可以显示出输入和集电极波形,测量出 TIP31 功率管的管耗,集电极升压脉冲约为 70 V,功率管管耗约为 400 mW,如图 5－74 所示。

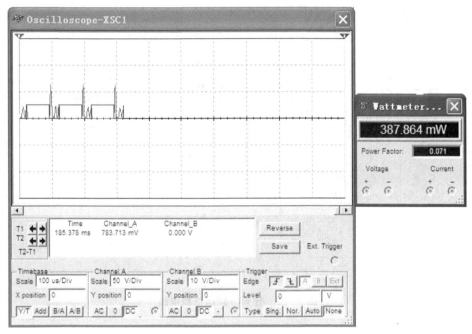

图 5－74　集电极输出信号波形

6. 任意分频电路仿真

取出 74163 两片、双路开关八个、方波任意波形发生器、"与非"门一个,构成如图 5－75 所示的电路。

任意波形发生器频率为 1 kHz/5 V 方波,置数端为八个逻辑开关,左是"1",右是"0",构成分频数设定开关,A 为低位,H 为高位,设定数为 N,则输出波形和输入波形之间的分频数为

$$分频数 = \overline{N} + 1 \tag{5-1}$$

如输入 $N=11101001$,则分频数为 23,将双通道示波器接输入和输出,启动仿真按钮,可得如图 5－76 所示的波形。

示波器上侧显示的是输出波形,下侧显示的是时钟输入波形,由波形可知,输出一个波形周期需要 23 个时钟周期。假如同时要观察计数器进位的波形,可用 4 线示波器或者通道数更多的示波器进行观察。

7. 串联型稳压电源片 7805 的仿真

从功率源库中取出 MC7805BT,常用器件库中取出电阻、电容、可变电阻器,二极管库中取出整流桥,电源库中取出交流电源,按图 5－77 所示连接电路。

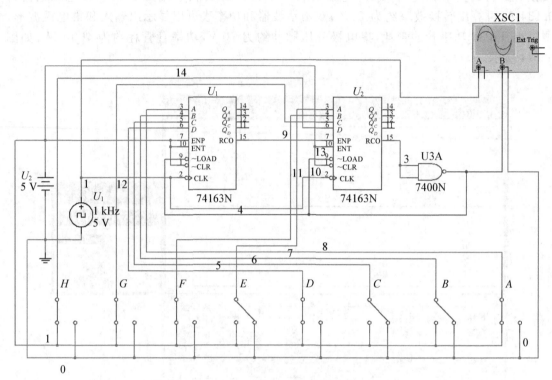

图 5-75　任意分频器仿真电路

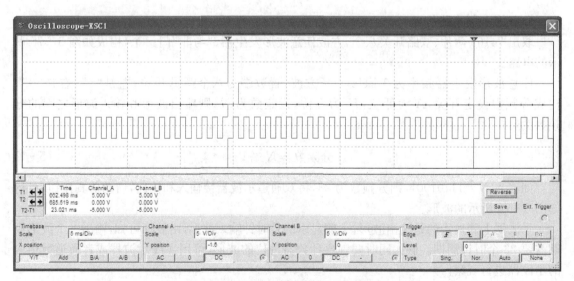

图 5-76　任意分频器输出时序波形图

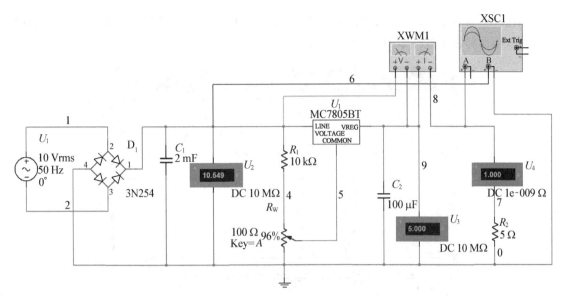

图 5-77　串联型稳压电源芯片 7805 功能仿真电路

　　将交流电源设置为 10 V 有效值,整流桥选 3N254,整流滤波电容为 2 000 μF,可变电阻器设置为 100 Ω,启动仿真按钮,微调 A,使 5 Ω 负载情况下输出为 5.001 V,电压表、电流表分别显示为 5 V、1 A,负载电阻为 1 K,输出电压为 5.027 V,功率表测量 7805 管耗,波形测量 7805 入口即整流滤波电压与输出波形如图 5-78 所示。

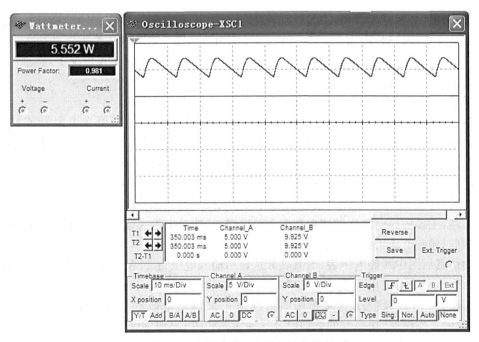

图 5-78　整流滤波电压与输出波形

　　在输入有效值电压为 10 V,整流滤波电容为 2 000 μF,7805 损耗为 5.5 W 时,输出稳定,但在整流滤波电容改为 1 000 μF,负载为 5 Ω 情况下,虽然整流滤波平均电压仍然较高(9.49 V),

但是输出却下降到了 4.94 V,原因是整流滤波电压充放电最小电压已不能使输出稳定。此时的整流滤波电压与输出波形如图 5-79 所示。

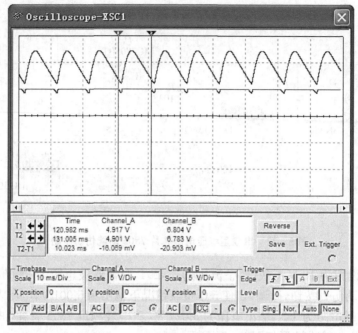

图 5-79　整流滤波电压与输出波形

由图中用光标测量可看出,当整流滤波电压充放电最小电压小于 6.8 V 左右时,输出便不能稳定且处于下降趋势,因而有结论：(1) 7805 要正常工作,输入电压最小值必须大于 6.8 V,否则输出将不能稳定,管耗将随输入增加而上升；(2) 在额定输出为 1 A 情况下,必须考虑管耗问题,否则管子会因发热而损坏。

8. 自激式 DC-DC 变换(开关电源)

从器件库取出三极管、二极管、稳压二极管、比较器、电阻电容、可变电阻器连接成如图 5-80 所示电路,器件按图 5-80 进行设置,稳压二极管作为基准电压(取 3 V 为稳压值)。

此电路将 24 V 输入直流电压转换成 12 V 输出直流电压,并且在如图 5-80 所示的电阻负载下输出电流为 1 A,采用自激式开关工作方式以降低功率管的损耗,从而提高电源的转换效率。电源的稳定主要依靠电压反馈比较宽度调节电路。而为保证电路的安全工作,还设计了限流保护电路,主要依靠电流反馈比较宽度调节电路,当输出电流大于设定值时,电流被限定在设定值上,同时输出电压负载迅速下降。

启动仿真后图中所接电压表、电流表分别显示输入电压为 24 V、输入电流为 0.668 A,输出电压为 12.077 V、输出电流为 0.998 A,限流保护设定值为 0.116 V,大于实际电流采样值 (0.1 V),可见在电流保护没有起作用的情况下正常输出电流约为 1 A,转换效率可计算为 75%,此时的工作波形、功率管的管耗以及脉冲频率如图 5-81 所示。

由图 5-81 可知,在此电路设置参数下,电路的工作频率约为 3 kHz,波形为脉冲宽度调制波,输出电压约为 12 V,功率管的损耗约为 450 mW。

如果负载电阻减小(即输出电流增加),使输出电流超过设定值,则此时的工作波形及其数据如图 5-82 和图 5-83 所示。

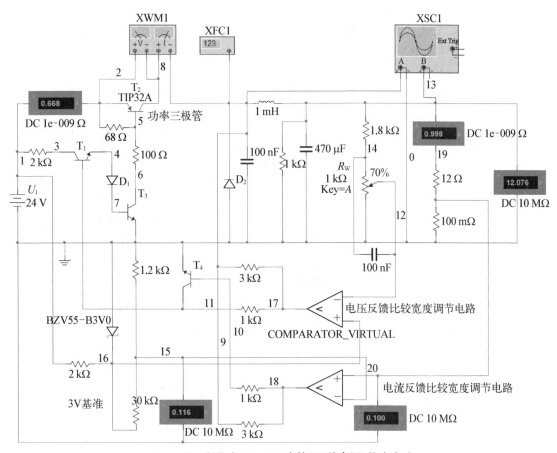

图 5‑80　自激式 DC‑DC 变换(开关电源)仿真电路

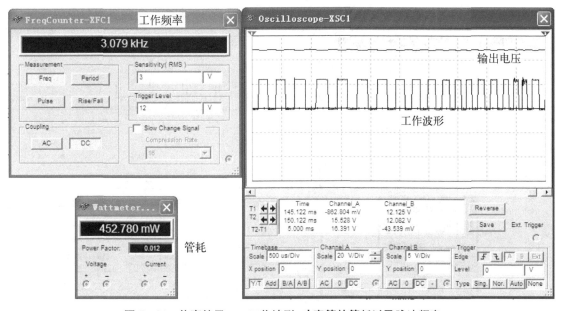

图 5‑81　仿真结果——工作波形、功率管的管耗以及脉冲频率

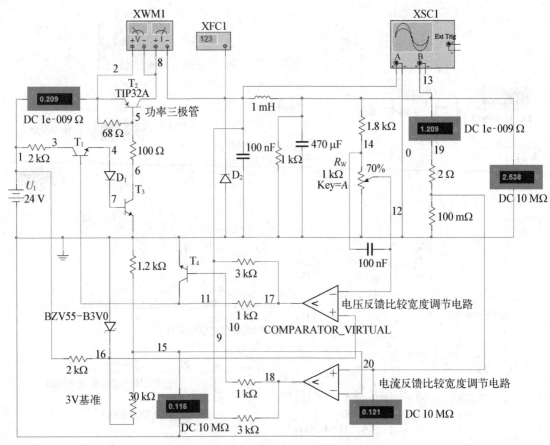

图 5－82　负载电阻减小时的仿真电路

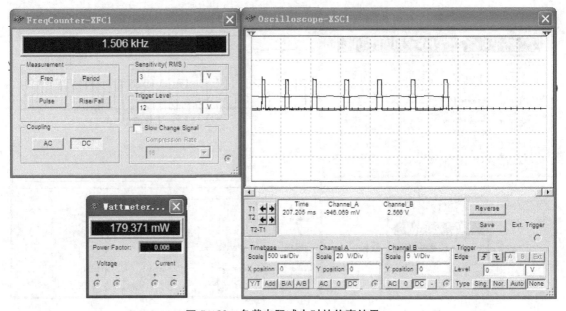

图 5－83　负载电阻减小时的仿真结果

　　如图 5-82 所示,在负载电阻为 2 Ω 情况下,电流采样值为 0.122 V,大于设定值 0.116 V,由于此时电路进入保护,故输出电流被限在 1.2 A。当输出电压下降到 2.552 V,此时的输入电流为 0.207 A,工作波形如图 5-83 所示。由图 5-83 可看到保护以后的工作波形变得很窄,电压下降到约为 2.5 V,工作频率下降到约为 1.5 kHz,管耗下降到 179 mW,保护的作用非常明显。

参 考 文 献

［1］陈荣保.工业自动化仪表.北京：中国电力出版社,2011.

［2］张乃国.实用电子测量技术.北京：电子工业出版社,1996.

［3］罗利文.电气与电子测量技术.北京：电子工业出版社,2011.

［4］徐杰.电子测量技术与应用.哈尔滨：哈尔滨工业大学出版社,2013.

［5］任立红.电工与电子技术.2版.上海：东华大学出版社,2016.

［6］秦曾煌.电工学(上、下册).7版.北京：高等教育出版社,2019.

［7］崔葛瑾.数字电路实验基础.上海：同济大学出版社,2006.

［8］骆雅琴.电子实验教程.北京：北京航空航天大学出版社,2008.

［9］赵曙光.可编程逻辑器件原理、开发与应用.西安：西安电子科技大学出版社,2001.

［10］聂典.Multisim 10 计算机仿真在电子电路设计中的应用.北京：电子工业出版社,2009.

［11］董毅.电工电子实践教程.北京：清华大学出版社,2011.

［12］刘红.电工与电子技术实验.北京：机械工业出版社,2010.